图书在版编目（CIP）数据

虫·逢:世界珍稀昆虫标本展/山东博物馆编著. —
济南：山东友谊出版社，2023.10
ISBN 978-7-5516-2596-8

Ⅰ.①虫… Ⅱ.①山… Ⅲ.①昆虫-标本-图集
Ⅳ.①Q96-64

中国国家版本馆 CIP 数据核字 (2023) 第 044336 号

虫·逢——世界珍稀昆虫标本展

CHONG·FENG——SHIJIE ZHENXI KUNCHONG BIAOBEN ZHAN

本书策划：陈冠宜
责任编辑：公维敏　孟瑞婷
装帧设计：刘洪强

主管单位：**山东出版传媒股份有限公司**
出版发行：**山东友谊出版社**
地址：济南市英雄山路 189 号　邮政编码：250002
电话：出版管理部（0531）82098756
发行综合部（0531）82705187
网址：www.sdyouyi.com.cn
印　　刷：**济南新先锋彩印有限公司**

开本：889 mm × 1 194 mm　1/16
印张：13.5　**字数**：270 千字
版次：2023 年 10 月第 1 版　**印次**：2023 年 10 月第 1 次印刷
定价：198.00 元

《虫·逢——世界珍稀昆虫标本展》编委会

序

昆虫起源于什么时候？昆虫的祖先是谁？我们只能从现有的发现中去寻找答案，证据表明昆虫在地球上至少已经存在4亿年了，随着更古老、更完整的化石被发现，昆虫的起源之迷也将会被一步步揭开。有一点可以肯定的是，昆虫是地球上适应能力最强，进化较为成功的一类生物。在漫长的生物进化历程中，地球上曾发生了几次大规模的生物灭绝灾难，许多古老的生物类群因不能适应变化的环境而被淘汰了，然而昆虫却在生存竞争中生生不息，繁衍至今。如今它们的踪迹几乎遍布世界的每一个角落，昆虫种类占地球上所有生物种类的比例超过了50%，已经被命名的昆虫约有100万种，但仍有许多昆虫种类尚待发现。

《虫·逢——世界珍稀昆虫标本展》是山东博物馆2021年推出的原创自然类展览，集中展示了来自世界五大洲30多个国家的1 000余件珍稀昆虫标本。展览从自然科学、人文历史等多个角度向观众展示了神奇的昆虫世界。展览设有四个单元：昆虫的起源单元，通过化石和琥珀标本，让观众真切地触摸远古；昆虫的特征单元，描述了昆虫的口器、触角、足和翅等结构的特征；昆虫的分类单元，集中展示了馆藏的昆虫标本；昆虫与人类单元，展示了昆虫与人类的关系、昆虫文化等。除此之外，还有互动区、VR体验区和拍照打卡区，观众置身展览之中便能领略昆虫世界的精彩，是一次集知识性、趣味性、互动性为一体的奇妙体验。展览一经推出，便受到很多朋友的热捧。

本书以《虫·逢——世界珍稀昆虫标本展》为背景，前半部分用简洁的文字和精美的插图，对昆虫的基本特征和习性进行了科学的描述，后半部分为编者精选出的、馆藏标本中观赏性较强的昆虫种类的图集，其中的昆虫类群涉及鞘翅目、鳞翅目等13个目，大部分昆虫都标有学名、雌雄、产地等信息。

本书适用于昆虫爱好者、文博爱好者阅读和欣赏。希望通过本书的介绍，能使读者增强对昆虫的了解，从而激发人们对大自然探索的热情。

现在，就让我们一起走进神奇的昆虫世界吧！

山东博物馆党委书记、馆长 刘延常

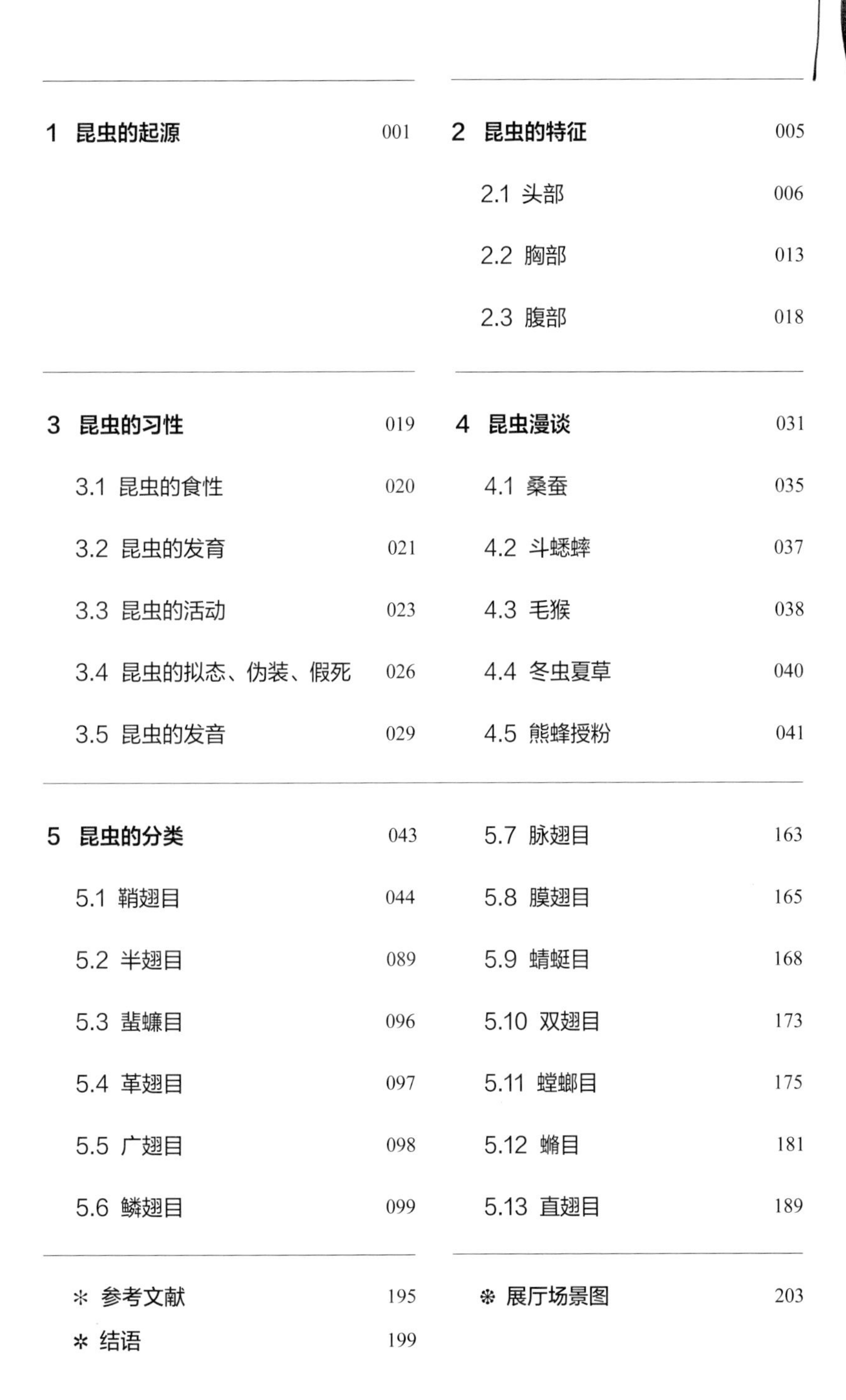

目录

昆虫的起源

昆虫的起源

昆虫和其他生物一样，有着自己特殊的分类位置，它们在动物界中属于节肢动物门中的昆虫纲。目前已经被命名的昆虫有100余万种，约占已知动物种类的2/3，但仍有许多种类尚待发现。昆虫的祖先是谁？起源于什么时候？我们可以从现有的发现中去寻找答案，例如新发现的更完整的、更古老的化石会帮助我们逐步揭开昆虫起源的神秘面纱。有一点可以肯定的是，昆虫是地球上适应能力最强、进化较为成功的一类生物。在漫长的生物进化历程中，地球上曾发生过几次大规模的生物灭绝灾难，很多古老的生物类群因不能适应环境的变化而被淘汰了，然而昆虫却在残酷的生存竞争中繁衍至今，它们在地球上至少已经存在了4 亿年，并且依然生生不息、繁衍至今。

据研究，现代节肢动物的祖先是一个非常成功的群体，起源于大约5.4亿年前的寒武纪。它们最早都是生活在水中的水生生物，后来经过漫长的时间，以及各个地质时期特定环境的影响，由水生演化为陆生；它们的新陈代谢类型、相应功能和身体构造也都发生了巨大变化，从低等演化至高等，又逐渐分化成现在各种各样的类群。

这些节肢动物成功地从海洋过渡到陆地，其中的昆虫最终成为最繁盛的生物类群。昆虫成功的原因又是什么呢？科学家推测主要有以下几个原因。

△ 昆虫化石

△ 琥珀

❶ 有翅能飞。昆虫是无脊椎动物中唯一能飞翔的动物，也是动物界中最早出现翅的类群。翅的获得不仅扩大了昆虫活动和分布的范围，也加快了昆虫活动的速度，给昆虫在觅食、求偶、避敌、繁衍和生殖等方面带来了极大好处。

❷ 身体较小。大部分昆虫身体较小，少量的食物即能满足其生长与繁殖的营养需求；同时，使昆虫在避敌、减少损害、顺风迁飞等方面具有很多优势。

❸ 繁殖能力强。首先昆虫的繁殖方式多样，有两性生殖、孤雌生殖、多胚生殖、胎生等，可使昆虫有效避开不良环境的影响。其次昆虫的繁殖效率高、产卵量大，如苍蝇在夏天大约10天繁殖1代，蚁后每天可产数千粒卵，并可终生繁殖。强大的生殖潜能是昆虫种群繁盛的基础。

④ 生长发育多样化。昆虫的发育为变态发育，分为增节变态、表变态、原变态、不完全变态和完全变态。不同的变态发育类型，使同种或同类昆虫避免了在空间与食物等方面的需求矛盾。昆虫的口器多样化也使不同昆虫避免了对食物的竞争，增强了昆虫对环境的适应能力。

⑤ 生活周期较短。昆虫的生活周期较短，使昆虫易于把对种群有益的突变保存下来，从而有利于物种的进化。

最终，当这些特质都汇集一身时，昆虫成为最繁盛的生物类群也就不足为奇了。

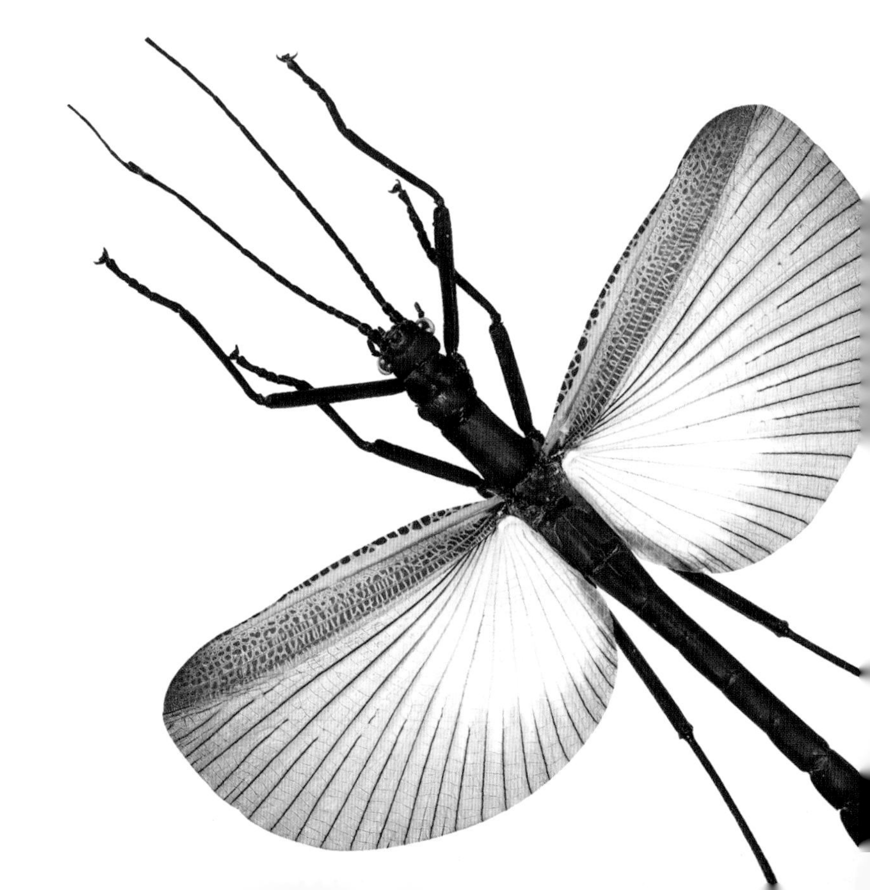

昆虫的特征

昆虫的特征

昆虫的身体看起来就像一节一节接起来的，这也是为什么称它们是节肢动物的原因之一。昆虫的身体分为头部、胸部和腹部三个部分，发育存在变态过程，成虫一般具有两对翅、三对足。

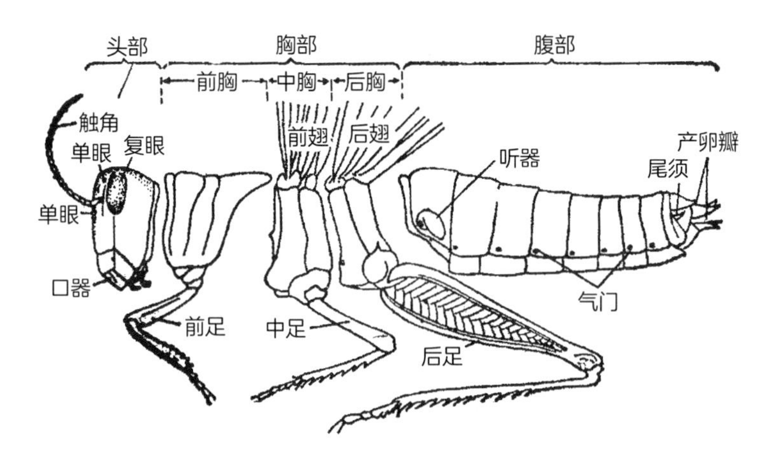

△ 蝗虫结构示意图

2.1 头部

头部是体躯最前面的一个体段，一般呈圆形或椭圆形，具有感觉器官（复眼、单眼和触角）和取食器官（口器）等，是昆虫感觉和取食的中心。

2.1.1 触角

触角是昆虫重要的感觉器官，所有昆虫都有一对触角。触角着生在额区的触角窝内，可自由活动，由许多节组成。基部第一节称为柄节，一般较粗短，其内着生有肌肉，可以自由活动；触角的活动主要由此节来决定。第二节称为梗节，一般较细小，其内着生有起源于柄节的肌肉，有的种类有感觉器。第三及以后的各节称为鞭节，由一到数十节组成，鞭节在同种昆虫的雌雄个体中往往有明显的差异；鞭节具有嗅觉和触觉功能，是昆虫重要的感觉器官，其上的感觉毛能感触振动。

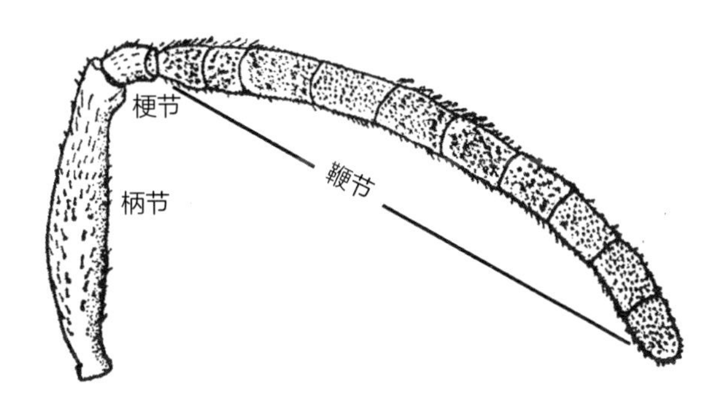

△ 昆虫触角结构图

触角的形状随昆虫的种类和性别而发生变化，其主要变化在于鞭节，常见的形状大致有以下几种：

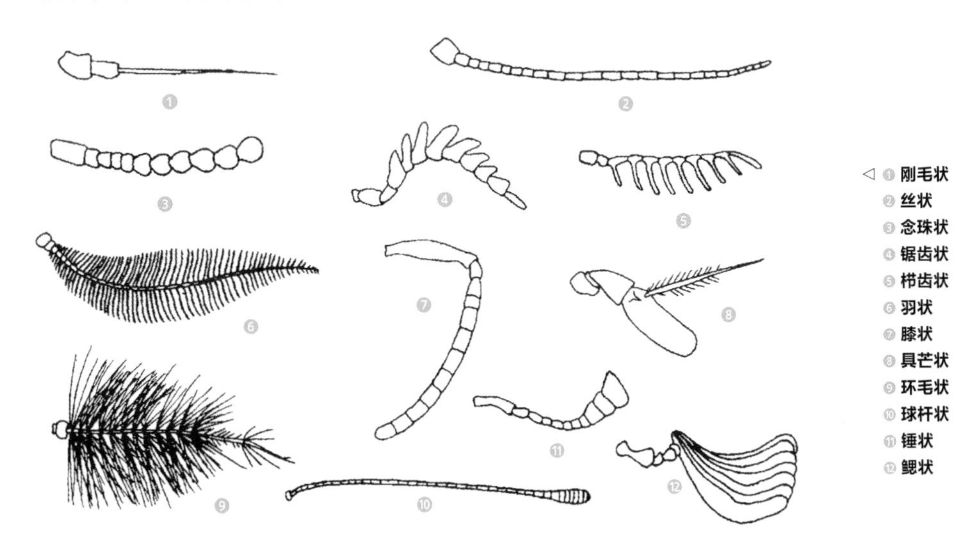

◁ ❶ 刚毛状
❷ 丝状
❸ 念珠状
❹ 锯齿状
❺ 栉齿状
❻ 羽状
❼ 膝状
❽ 具芒状
❾ 环毛状
❿ 球杆状
⓫ 锤状
⓬ 鳃状

➊ **刚毛状**：触角短，基部1~2节较粗大，其余各节细如刚毛，且越到末端越细，如蝉、叶蝉和蜻蜓的触角。

➋ **丝状**：触角细长，近圆筒形，除基部两节稍粗外，鞭节由许多大小、形状相似的小节连成细丝状，向端部逐渐变细。丝状触角是昆虫最常见的触角类型，如蝗虫、螽斯、蟋蟀、天牛、蝽类的触角。

➌ **念珠状**：基节较长，梗节小，鞭节由近似圆珠形、大小相似的小节组成，形如串珠，如白蚁、褐蛉等的触角。

➍ **锯齿状**：鞭节各节呈锯齿形向一侧突出，形如锯条，如部分叩甲、芫菁雄虫等的触角。

➎ **栉齿状**：鞭节各节向一侧做细枝状突出，形如梳子，如部分叩甲及豆象雄虫等的触角。

➏ **羽状**：又叫双栉状，鞭节各节向两侧做细枝状突出，渐向端部渐短，形如羽毛，如许多蛾类雄虫的触角。

➐ **膝状**：又叫肘状或曲肱状，柄节较长，梗节细小，鞭节各小节大小、形状相似。在梗节处呈肘状弯曲，如蜜蜂、象甲等的触角。

➑ **具芒状**：触角短，一般3节，末端膨大，上有1根侧毛，该侧毛为触角芒，芒上有时还有很多细毛。具芒状触角为蝇类昆虫所特有。

➒ **环毛状**：除基部2节外，其余各节环生细毛，越接近基部的细毛越长，如雄蚊和摇蚊的触角。

➓ **球杆状**：基部各节细长如杆，端部数节逐渐膨大，整体形似棒球杆，如蝶类和蚁蛉的触角。

⓫ **锤状**：类似球杆状触角，基部各节细长如杆，端部数节突然膨大似锤，如郭公虫等一些甲虫的触角。

⓬ **鳃状**：鞭节末端数节扁平如片状并折叠在一起，形似鱼鳃，可以开闭，如鳃金龟的触角。

2.1.2 口器

口器是昆虫的取食器官，由上唇、上颚、下颚、下唇和舌组成。由于昆虫食性及取食方式的不同，因此昆虫的口器也就相应地发生各种特化，形成了不同类型。

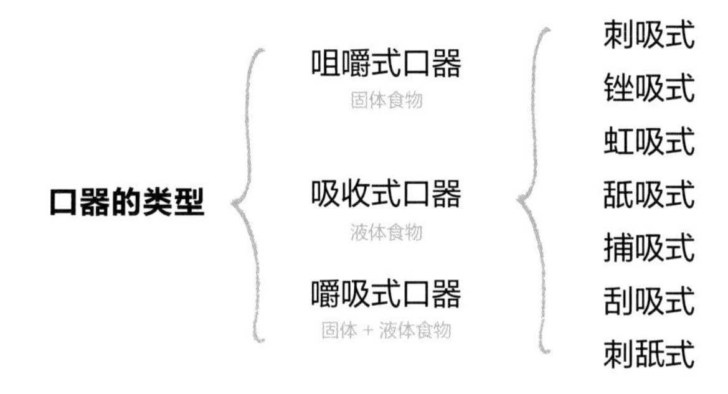

❶ 咀嚼式口器

咀嚼式口器是最原始的口器类型，由上唇、上颚、下颚、下唇和舌五部分组成。它的主要特点是具有发达而坚硬的上颚，可以嚼碎固体食物。代表种类：蝗虫、蜚蠊、甲虫、蝶蛾类的幼虫和部分膜翅目成虫等。

❷ 刺吸式口器

刺吸式口器的上颚与下颚的一部分特化成细长的口针；下唇延长成喙，口针位于喙内，上唇退化在喙的基部。这种口器适宜取食植物汁液和动物血液，如半翅目和部分双翅目昆虫的口器都属于这种类型。代表种类：蚊子。

△ 一种蝗虫（口器为咀嚼式）的头部模型

△ 一种蚊子（口器为刺吸式）的头部模型

③ 锉吸式口器

锉吸式口器的右上颚退化或消失，左上颚和下颚的内颚叶变成口针，其中左上颚基部膨大，具有缩肌，是刺锉寄主组织的主要器官。锉吸式口器为缨翅目昆虫蓟马所特有，各部分的不对称性是其显著的特点。

④ 虹吸式口器

虹吸式口器为鳞翅目成虫（蛾、蝶类）所特有，其显著特点是左右下颚的外颚叶十分发达，嵌合成一条能卷曲和伸展的喙，适于吸食花管底部的花蜜。代表种类：蝴蝶。

⑤ 舐吸式口器

舐吸式口器是双翅目蝇类成虫特有的口器。家蝇成虫的口器粗短，主要由基喙、中喙、端喙3部分组成。基喙粗大，前壁有马蹄状唇基。中喙筒状，由下唇前颏形成，前壁凹陷成槽，上唇盖合于唇槽上形成食物道；舌内有唾道。端喙为2个唇瓣。此种口器适于舔食和吸取物体表面的液体食物。代表种类：家蝇成虫。

⑥ 捕吸式口器

捕吸式口器为脉翅目昆虫的幼虫所特有，其最显著的特征是成对的上、下颚分别组成一对刺吸构造，因而又有双刺吸式口器之称。代表种类：蚁狮。

△ 一种蓟马（口器为锉吸式）的头部模型

△ 一种蝴蝶成虫（口器为虹吸式）的头部模型

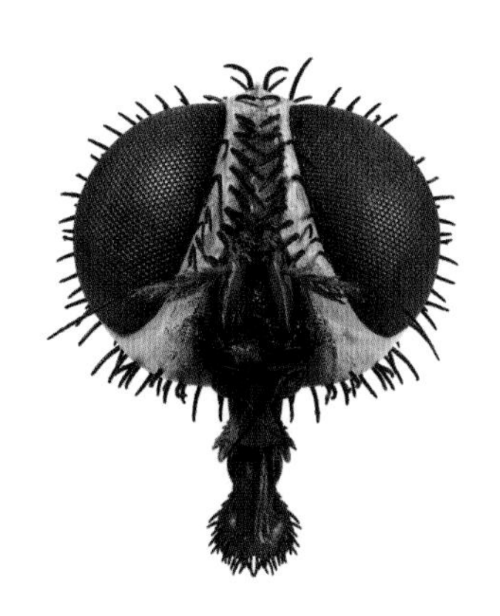

△ 家蝇成虫（口器为舐吸式）的头部模型

⑦ 刮吸式口器

刮吸式口器为双翅目蝇类幼虫所特有，其显著特征是口器退化，外观仅见1对口钩。具有该口器的昆虫取食时，先用口钩刮食物，然后吸收汁液或固体。代表种类：家蝇蛆。

⑧ 刺舐式口器

刺舐式口器为吸血性双翅目虻类昆虫所特有。其上唇较长，端部短，上颚变宽，呈刀片状，端部尖锐，上唇和上颚能一起切破动物坚硬的皮；下颚的外颚叶形成坚硬、细长的口针，上下抽动能使被刺破的伤口张开；下唇肥大柔软，端部有一对肉质唇瓣，唇瓣上具有一系列通向中央前口的横沟；舌变成较细的口针。虻类昆虫刺破动物的皮肤后，唇瓣贴在伤口处，血液即通过横沟流向前口，再经过由上唇和舌形成的食物道进入口中。代表种类：牛虻。

⑨ 嚼吸式口器

嚼吸式口器仅为一部分高等膜翅目昆虫的成虫所特有，是兼有咀嚼和吸收两种功能的口器。其特点是上颚发达，上唇和上颚保持咀嚼式口器的形式，主要用于咀嚼花粉，下颚和下唇特化为可以吮吸液体的喙。代表种类：蜜蜂。

△ 一种蚁狮（口器为捕吸式）的头部模型

△ 蝇蛆（口器为刮吸式）的头部

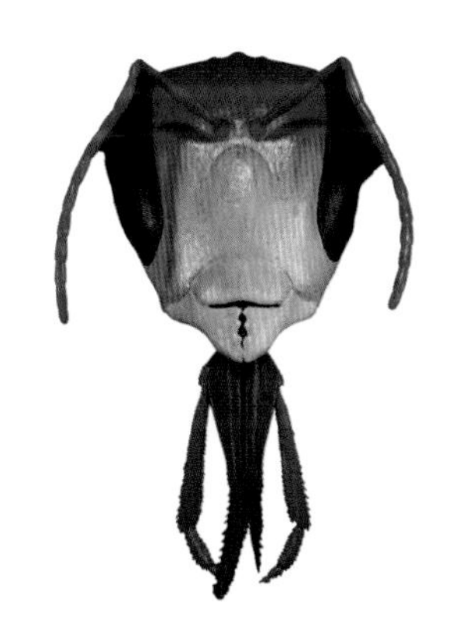

△ 一种蜜蜂（口器为嚼吸式）的头部模型

△ 一种虻（口器为刺舐式）的头部

2.2 胸部

胸部由3个体节组成，分别为前胸、中胸和后胸。各节具1对足，分别称为前足、中足和后足。大多数有翅亚纲的昆虫在中胸及后胸上各具1对翅，分别称为前翅和后翅。足与翅是运动器官，因而胸部是昆虫的运动中心。

2.2.1 足的类型

成虫的胸足一般由6节组成，着生在各胸节侧腹面的基节臼（或称基节窝）里，由基部向端部依次称为基节、转节、腿节、胫节、跗节和前跗节，各节间由膜相连接，是各节活动的部位。

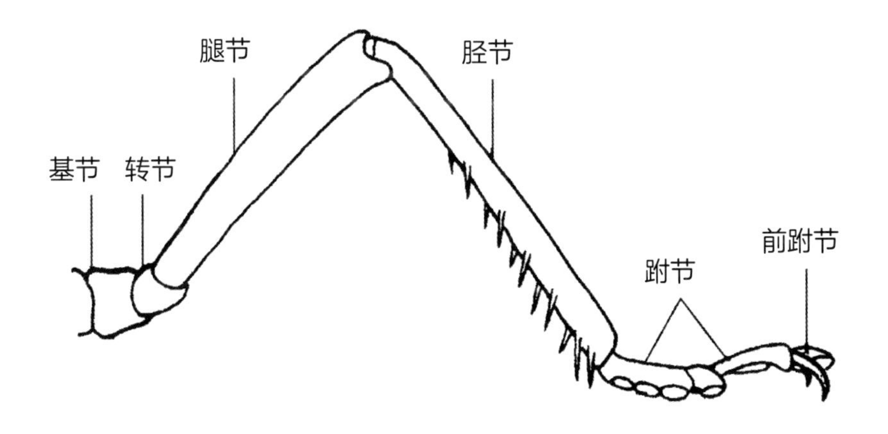

△ 昆虫足的构造示意图

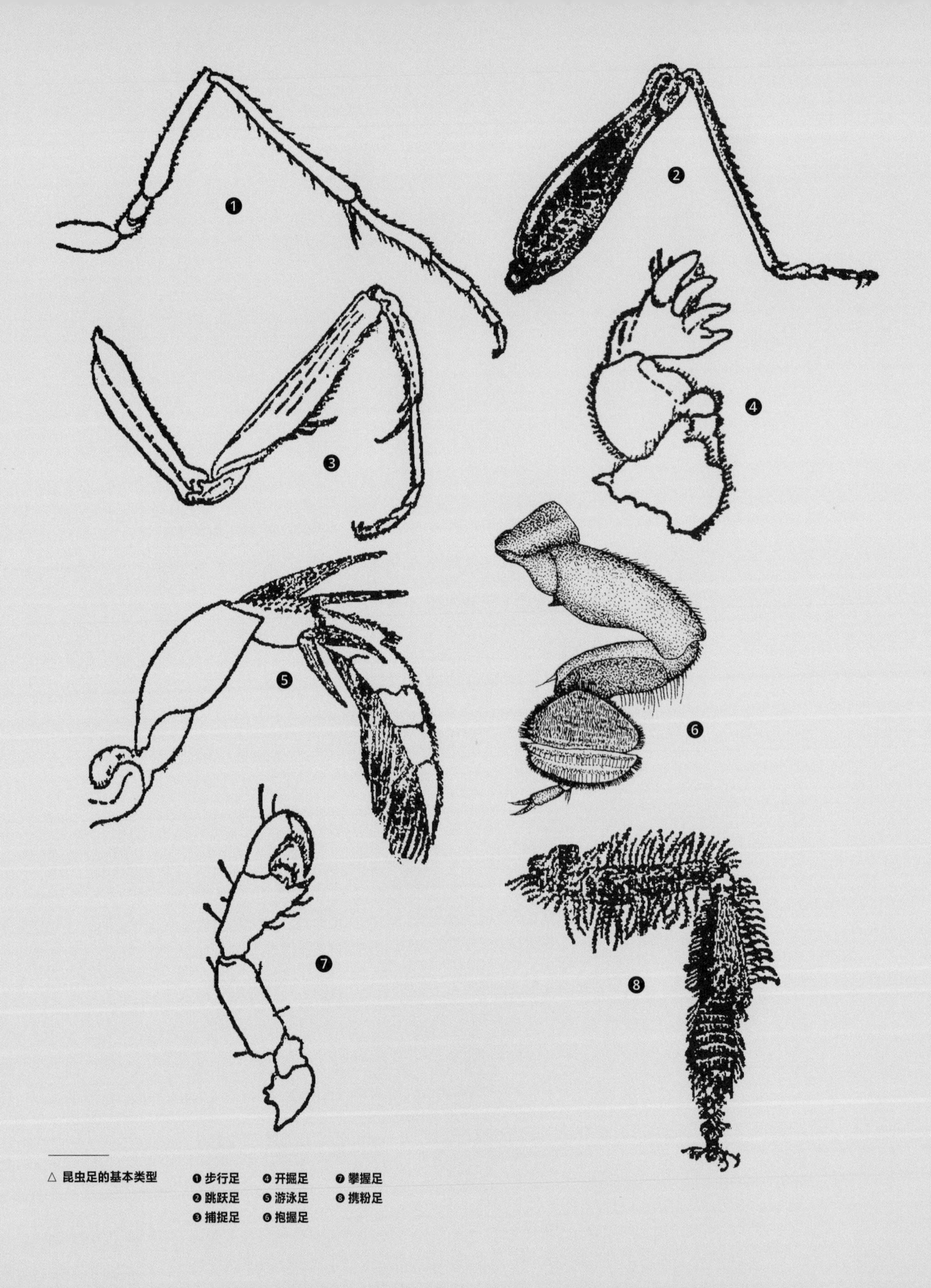

△ 昆虫足的基本类型

❶ 步行足　❷ 跳跃足　❸ 捕捉足　❹ 开掘足　❺ 游泳足　❻ 抱握足　❼ 攀握足　❽ 携粉足

为适应不同的生活环境，昆虫的足特化为许多类型， 常见足的类型有以下几种：

❶ 步行足

步行足是昆虫中最为常见的一类足。这类足细长，适于行走，没有显著的特化现象，如步甲的足。

❷ 跳跃足

跳跃足由后足特化而成，腿节特别发达，胫节细长、健壮，善于跳跃，如蝗虫的后足。

❸ 捕捉足

捕捉足由前足特化而成，基节显著加长，腿节和胫节的相对面上有齿状硬刺，胫节弯折时，与腿节形成一个捕捉构造，利于捕捉猎物，如螳螂的前足。

❹ 开掘足

开掘足由前足特化而成，胫节和跗节常宽扁，非常有力，外缘具齿，利于挖土，能拉断植物的细根，如蝼蛄的前足。

❺ 游泳足

游泳足由后足特化而成，胫节和跗节边缘着生较长的缘毛，各节扁平呈桨状，适于划水，如龙虱的后足。

❻ 抱握足

抱握足由前足特化而成，整体粗短，跗节特别膨大且具吸盘状结构，在交配时能抱握雌虫，如龙虱雄虫的前足。

❼ 攀握足

攀握足各节均较粗短，胫节端部有一指状突，与跗节及呈弯爪状的前跗节构成钳状构造，能牢牢夹住寄主的毛发，如虱类的足。

❽ 携粉足

携粉足由后足特化而成，胫节宽扁，两侧有长毛，构成携带花粉的“花粉篮”；基跗节长扁，内侧具有约10排毛刷，这些毛刷用以梳集花粉，称为花粉刷；胫节末端有一凹陷，与第一跗节构成“压粉器”。昆虫采集花粉时，两后足相互刮集第一跗节上的花粉于“压粉器”内，并将花粉压成小花粉团，然后跗节向胫节折曲，将花粉团挤入“花粉篮”。常见的携粉足是蜜蜂的后足。

2.2.2 翅的类型

昆虫是动物界中最早获得飞行能力的类群，同时也是无脊椎动物中唯一具翅的类群。飞行能力的获得是昆虫纲繁盛的重要因素之一。昆虫翅一般近三角形，有3缘3角：靠近头部的一边称为前缘，靠近尾部的一边称为后缘（或内缘），在前缘和后缘之间的边称为外缘；翅基部的角叫肩角，前缘与外缘的夹角叫顶角，外缘与后缘的夹角叫臀角。翅上常有3条褶线将翅面分为4区，即腋区、臀前区、臀区和轭区。

昆虫翅的基本类型有以下几种：

❶ 膜翅

翅膜质，薄而透明，翅脉清晰可见，为昆虫中最常见的一类翅，如蜻蜓、草蛉、蜂类的前后翅，蝗虫、甲虫、蝽类的后翅。

❷ 鞘翅

翅质地坚硬如角质，主要用于保护后翅与脊部，如鞘翅目昆虫的前翅。

❸ 鳞翅

翅膜质，密被鳞片，外观多不透明，如蛾、蝶类的翅。

❹ 覆翅

前翅革质，坚硬如皮革，不透明或半透明，主要起到保护后翅的作用，如蝗虫、叶蝉的前翅。

❺ 半鞘翅

翅基部皮革质或角质，无明显翅脉，端部膜质，有翅脉，如大部分蝽类的前翅。

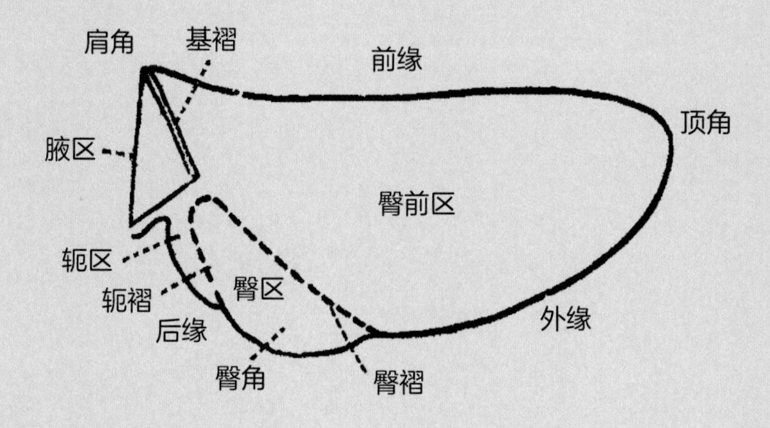

△ 昆虫翅的构造示意图

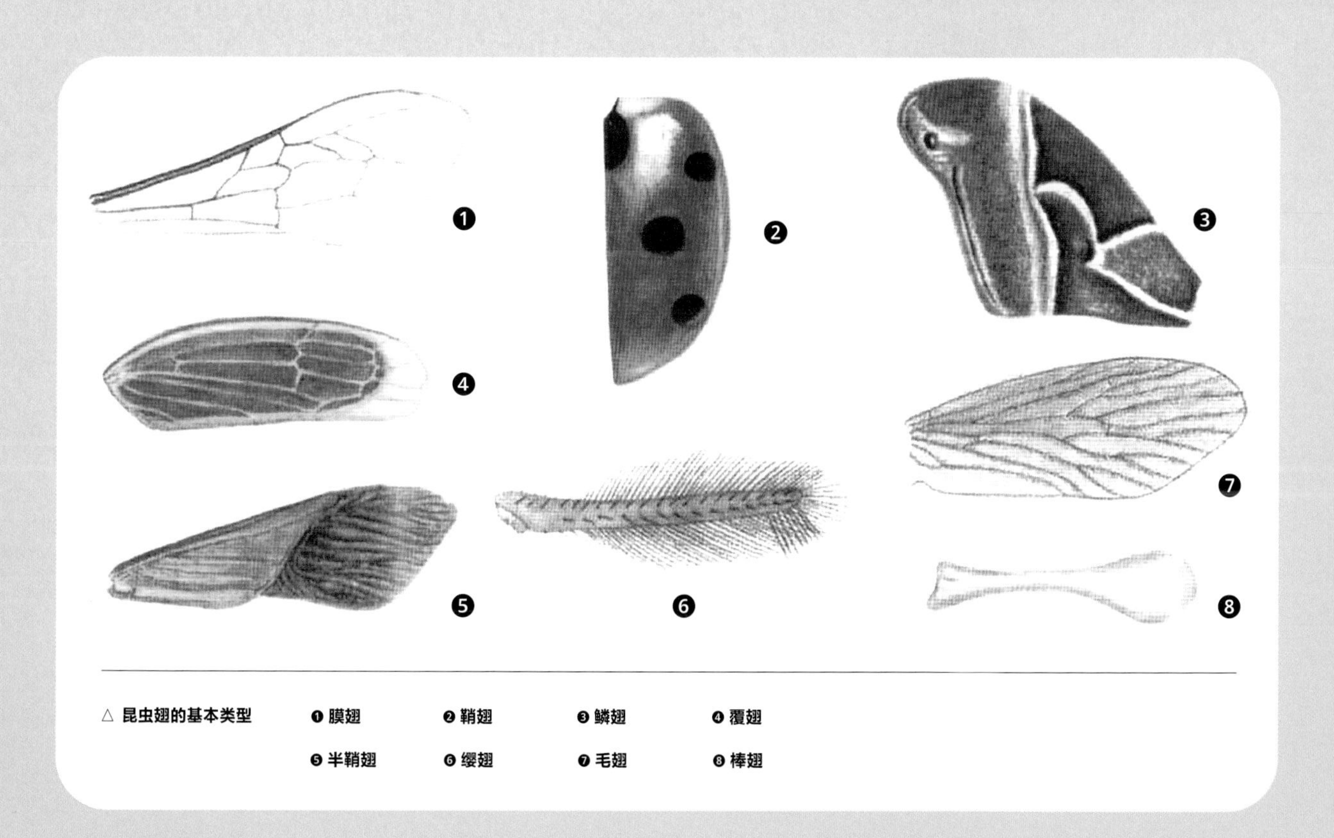

△ 昆虫翅的基本类型 ❶ 膜翅 ❷ 鞘翅 ❸ 鳞翅 ❹ 覆翅 ❺ 半鞘翅 ❻ 缨翅 ❼ 毛翅 ❽ 棒翅

⑥ 缨翅

翅膜质，透明且狭长，翅脉退化，边缘上着生很多细长的缨毛，如蓟马的翅。

⑦ 毛翅

翅膜质，翅脉与翅面被有很多毛，如毛翅目昆虫的翅。

⑧ 棒翅

又称平衡棒，由后翅退化成细小的棒状物，起感觉和平衡躯体的作用，如蝇、蚊的后翅。

2.3 腹部

成虫的腹部一般由9～12个体节组成，分节明显，节与节之间有膜相连，可伸缩。腹部包含内脏和外生殖器，是昆虫消化、代谢和生殖的中心。

昆虫腹部有发达的背板和腹板，侧板退化。雄成虫第9节和雌成虫第8、第9节，称为生殖节。雄虫的外生殖器为交配器，雌虫的外生殖器为产卵器，生殖器的特征是鉴别昆虫种类的重要依据之一。腹部除外生殖器外，部分无翅亚纲及低等有翅亚纲的腹部存在尾须。

昆虫的习性

昆虫的习性

昆虫种类众多，分布极广，在长期演化过程中，为能够在各种复杂的环境条件下生存，昆虫演化出了许多不同的习性，如食性、趋性、假死性等。了解昆虫的这些习性，对害虫的防治和益虫的保护与利用有着极其重要的意义。

3.1 昆虫的食性

昆虫的种类不同，取食方式也不同，昆虫的食性就是在演化过程中形成的对食物的一定选择性。

根据食物的性质，一般可将昆虫的食性分为以下几种。

❶ 植食性

植食性昆虫占昆虫总数的近50%，以植物各部分为食物，是对农业生产危害最大的一类昆虫。比如蛴螬、蝼蛄等昆虫生活在土壤中，主要危害植物的根系；蝗虫、叶甲等昆虫主要取食植物的茎和叶片；食心虫、谷盗以各种果实和粮食为食；天牛幼虫蛀蚀树木，对木材和建筑物造成危害。

❷ 肉食性

肉食性昆虫约占昆虫总数的30%，以其他昆虫或动物活体为食，分为捕食性和寄生性。比如螳螂是常见的捕食性昆虫，蜻蜓的成虫和稚虫均可捕食其他昆虫。寄生蜂是最常见的一类寄生性昆虫，属膜翅目，包括金小蜂科、姬蜂科、小蜂科等多种靠寄生生活的昆虫，可寄生在鳞翅目、鞘翅目等昆虫的卵、幼虫或蛹内，从而消灭被寄生的昆虫。人们将寄生蜂的这一特点利用在害虫防治上，取得了良好效果，这些害虫的天敌在农业生产中也被称为益虫。

③ **腐食性**

腐食性昆虫约占昆虫总数的17%，以动物的粪便、尸体或腐败植物为食，具体分为：粪食性，以人及动物的粪便为食，如常见的屎壳郎和蝇类幼虫（蛆）；尸食性，以动物尸体为食，如埋葬甲；腐食性，以植物的残余物质为食，如果蝇、阎甲等。

④ **杂食性**

既吃植物性食物又吃动物性食物，如蜚蠊等。

根据食物的范围，又可将昆虫的食性分为以下3种：

① **单食性**

仅取食一种植物，如三化螟只取食水稻。

② **寡食性**

取食同一个科（或个别近似科）的若干植物，如小菜蛾取食十字花科的若干种植物。

③ **多食性**

取食不同科的多种植物，如小地老虎取食禾本科、豆科、十字花科等多种植物。

3.2 昆虫的发育

对于昆虫的个体发育过程，常以胚胎发育为基点，把胚胎发育前的精、卵成熟叫胚前发育，把胚胎完成后到性成熟的过程叫胚后发育。在胚后发育阶段，昆虫要经过一系列的形态变化，即变态。

昆虫种类繁多，变态类型多种多样，主要有以下5种。

3.2.1 增节变态

从幼虫期到成虫期昆虫腹部的体节数逐渐增加，由9节变为12节，其中所增加的3节均由第8腹节增生而来。增节变态是昆虫纲中最原始的一类变态，如原尾目昆虫。

3.2.2 表变态

昆虫幼虫期与成虫期的形态基本相同，胚后发育仅表现为个体的增大、性器官的逐渐成熟等，但成虫期仍继续蜕皮，这也是节肢动物遗留下来的原始特征，如弹尾目、双尾目、缨尾目昆虫。

3.2.3 原变态

昆虫由幼虫期转变为成虫期要经过一个亚成虫期，而亚成虫期很短，这个时期的昆虫呈静休状态，外形与成虫很相似。亚成虫期的存在相当于成虫的继续脱皮，这是表变态昆虫演化为有翅昆虫时保留下来的原始特征。例如蜉蝣目昆虫的幼期虫态也被称为“稚虫”。

3.2.4 不完全变态

这类变态又称直接变态，只经过卵期、幼虫期和成虫期3个阶段，成虫的特征随着生长发育过程逐步显现。不完全变态又可分为3个类型。

❶ 半变态

蜻蜓目、襀翅目昆虫幼虫期的体形、呼吸器官、取食器官、行动器官及行为等方面与成虫有明显的不同，比如蜻蜓的成虫陆生，而它的幼虫水生，这样的不完全变态称为半变态，它们的幼期虫态统称为稚虫（注意和原变态的区别）。

❷ 渐变态

直翅目、螳螂目、半翅目、鞘翅目等昆虫的幼虫期在体形、生境、食性等方面与成虫期非常相似，只是幼虫期时翅未长出，生殖器官发育不全，比如蝗虫若虫与成虫在翅的形态和位置方面存在差异，这样的不完全变态称为渐变态。它们的幼期虫态统称为若虫。

❸ 过渐变态

缨翅目、半翅目粉虱科和雄性蚧类昆虫的幼虫期向成虫期转变时，要经过一个不食不动的伪蛹阶段，这样的不完全变态称为过渐变态。

3.2.5 完全变态

此类昆虫一生要经过卵、幼虫、蛹和成虫4个不同的虫态，幼虫与成虫间不仅在外部形态与内部结构上很不相同，而且大多数情况下二者在生活习性与食性等方面差异也很大。例如蝴蝶在幼虫时口器为咀嚼式口器，没有触角和翅，而成虫有翅，口器也变为虹吸式口器。同属完全变态的还有鞘翅目、膜翅目、双翅目等有翅亚纲内翅部昆虫。

在完全变态昆虫中，某些昆虫幼虫的各龄期之间在形态、生活方式等方面也有明显不同，这一现象称为复变态，如芫菁幼虫的复变态。

3.3 昆虫的活动

昆虫是地球上最庞大的动物群体。从南极到北极，从高山森林到雪原荒漠，它们的踪迹几乎遍布世界上的每一个角落。绝大多数昆虫的活动如飞翔、取食、交配等都有固定的昼夜节律。

例如大多数蝴蝶在白天活动，我们把这类昆虫称为日出性或昼出性昆虫。大多数的蛾类喜夜间活动，我们把这类昆虫称为夜出性昆虫。当然，也有些昼夜均可活动的昆虫。人们总结出昆虫的节律性活动用于指导农林生产，如授粉、施药、改变植物花期等，大大提高了耕作效率。利用昆虫的趋光性制作而成的驱蚊灯，可以有效杀灭蚊虫。除了趋光性，昆虫还有趋温性、趋化性、向地性等习性。

提到“迁徙”，人们最先想到的可能是鸟类的迁徙或者非洲野生动物大迁徙，但是在昆虫界，也有令人震撼的迁徙——帝王蝶的迁徙。帝王蝶的学名为黑脉金斑蝶，是北美洲常见的蝴蝶之一。每年数千万只帝王蝶，从加拿大东部迁徙至墨西哥中西部越冬，行程长达4 000多千米，帝王蝶的迁徙是已知昆虫中飞行距离和持续时间最长的迁徙，但它们的迁徙并不是通过1代就完成了，而是通过多个世代交替接力完成的。直到20世纪70年代，科学家才完整记录了帝王蝶的迁徙轨迹，而帝王蝶迁徙的机制，至今依然是科学研究的热点之一。

如果说帝王蝶的迁徙代表了生命的“怒放”，那么另一种昆虫——蝗虫的扩散则代表了生命的“恐慌”。据统计，全世界范围内，蝗虫致灾的种类主要有飞蝗、稻蝗、竹蝗、意大利蝗、蔗蝗、棉蝗、沙漠蝗等。

了解昆虫的迁飞特性，查明它们的分布地区和扩散、转移的时期，对迁飞性害虫的测报和防治等具有重大意义。

△ 帝王蝶图

3.4 昆虫的拟态、伪装、假死

昆虫身单力薄，为了在自然界获得生存机会，练就了一身特殊的本领。它们能利用身体的颜色或形态，伪装成自然界里的万物，将自己隐蔽起来，威慑敌人，或者方便自身取食，这就是昆虫的拟态。根据拟态发生的虫态，可将拟态分为卵拟态、幼虫拟态、若虫拟态、蛹拟态、成虫拟态；根据所拟的对象，可将拟态分为形状拟态、颜色拟态、化学拟态、声音拟态、光学拟态、行为拟态等。

竹节虫趴在树枝上不动时，宛如树枝，很难被人发现。叶蝽伪装成树叶时，不但可以将身体的纹脉伪装成叶子的叶脉，足和身体边缘变得像枯叶一样“枯萎”，而且它的整个身体还能随风摇曳，这足以称得上是拟态界中的至高境界了。

半翅目、脉翅目、鳞翅目等部分类群的幼虫或若虫会利用环境中的物体伪装自己，伪装物有土粒、沙砾、小石块、植物叶片和花瓣及猎物的空壳等。还有一些昆虫在受到外界突然刺激时，身体蜷缩，静止不动或从原栖息处突然跌落下来呈“死亡”状，稍后又恢复常态而离去，这种行为叫作假死，如象甲、叶甲、金龟子等成虫遇惊即假死下坠。

△ **竹节虫图**

△ 叶䗛图

3.5 昆虫的发音

人类通常用语言进行交流，昆虫之间也有其特有的交流方式——发音。发音是昆虫间通讯的有效方式之一，在种内个体间的召唤、聚集、求偶、攻击和报警等方面起着重要的作用。昆虫不同的鸣声代表不同的含义。

昆虫的发音机制大体上分为三大类：第一类是由昆虫身体上专门的发音器官产生声音；第二类是昆虫在活动中产生的一些副产物形成的声音，这类昆虫不具有专门的发音器；第三类是昆虫的身体碰击其他物体的结果。

由发音器官产生的声音又分为以下几种：

❶ **摩擦发音**：是指昆虫体表的不同部位相互摩擦而产生的声音。这种发音方式在昆虫中最为普遍，有数十个目的昆虫能以摩擦的方式发音，如直翅目、半翅目、鞘翅目等昆虫。

蟋蟀、螽斯（即蝈蝈）的声音是由两前翅的摩擦产生的。它们的发音器官由声锉和刮器两部分组成，声锉是由雄虫前翅的肘脉腹面特化而成的，另一前翅与之相对的后缘形成刮器。发声时，它们通过前翅张开、闭合，使声锉与刮器摩擦，从而使翅振动，再经过放大与共鸣，便产生了鸣声。

蝗虫的摩擦发音同蟋蟀、螽斯有相似之处，但发音器官的结构不相同。蝗虫身体的一部分形成颗粒状的突起——声锉，身体的另一部分形成刮器，两者相互摩擦发音。

不同昆虫种类的声锉及组成声锉的声齿差别较大，但刮器结构简单，仅为翅、足或其他部位的一些刚毛、齿、隆线或翅脉等。

❷ **膜振动发音**：是指膜状发声器官通过肌肉的收缩与松弛引起振动发出的声音。膜振动发音是昆虫中发音效率最高的方式之一，仅为半翅目、鳞翅目的部分种类所具有，如蝉的鸣叫。

有些昆虫的鸣叫不是由专门的发声器官发出的，而是昆虫在飞行中因翅的拍打、胸部骨片的振动产生的，或是昆虫在求偶、清洁、取食活动中产生的一些声音。比如蚊子、家蝇的嗡嗡声，是由双翅振动产生的。蚊子翅振频率约为600次/秒，家蝇的为147～220次/秒，而人耳能听见的振频在20～20000次/秒之间，所以并不是所有昆虫的飞行人耳都可以听见，部分昆虫的发音机制见下表1。

表1：部分昆虫发音机制研究现状简表

<table>
<tr><th>虫态</th><th>目</th><th>科（总科）</th><th>发音机制</th><th>备注</th></tr>
<tr><td rowspan="12">成虫</td><td rowspan="4">直翅目</td><td>蝗总科</td><td>前翅与后足摩擦发音</td><td>有些种类有两种发音方式</td></tr>
<tr><td>蟋蟀总科</td><td>右前翅的发声锉与左前翅的刮器摩擦发音</td><td></td></tr>
<tr><td>蝼蛄总科</td><td>同蟋蟀总科相似</td><td></td></tr>
<tr><td>螽斯总科</td><td>左前翅的发声锉与右前翅的刮器摩擦发音</td><td></td></tr>
<tr><td rowspan="4">半翅目</td><td>猎蝽科</td><td>喙(下唇)与前胸腹板摩擦发音</td><td></td></tr>
<tr><td>蝉总科</td><td>(1)鼓膜振动发音
(2)摩擦发音</td><td>有的种有多种发音方式</td></tr>
<tr><td>飞虱科</td><td>后足基节后基片与腹节摩擦发音</td><td></td></tr>
<tr><td>叶蝉科</td><td>可能是后足基节与腹部两侧摩擦发音</td><td></td></tr>
<tr><td rowspan="2">双翅目</td><td>蚊科</td><td>翅振发音</td><td></td></tr>
<tr><td>果蝇科</td><td>翅振发音</td><td></td></tr>
<tr><td>鞘翅目</td><td>天牛科</td><td>(1)前胸背板与中胸盾摩擦发音
(2)鞘翅振动发音</td><td></td></tr>
<tr><td>幼虫</td><td>鞘翅目</td><td>天牛科</td><td>(1)在寄主蛀道内爬行发音
(2)取食时发音</td><td></td></tr>
</table>

昆虫漫谈

昆虫漫谈

昆虫与人类的关系十分密切。从有人类活动开始，昆虫在资源利用、社会生活等方面就以一种特殊的方式影响着人类。它们可以为人类带来很多优质资源，如家蚕、蜜蜂等昆虫为人们提供蚕丝、蜂蜜等有益的产品，药用、食用昆虫能提供丰富的蛋白质等；然而，昆虫也可以给人类造成不可挽回的灾难，我国古代就将虫灾与水灾、旱灾、饥荒并称“四大主灾”。因此，昆虫与人类的关系又是十分复杂的。

在千百年的生产活动中，人们认识昆虫、了解昆虫，还赋予了有些昆虫特定的寓意，逐步形成了独特的昆虫文化。中华文化源远流长、博大精深，昆虫文化是中华文化的重要组成部分。历代文人墨客以昆虫为题材所作的诗画，与昆虫有关的成语、民间故事和传说，与昆虫有关的节气，与昆虫有关的娱乐活动，昆虫的工艺品、饰物，昆虫趣闻等都是昆虫文化的具体体现。

花、鸟、鱼、虫在我国诗词书画中占有重要的角色，昆虫更是灵动的存在，其中蝉和蝴蝶是古代诗人关注的焦点。蝉声嘹亮，寄托了诗人丰富的情感，如南北朝诗人王籍的“蝉噪林逾静，鸟鸣山更幽”；唐朝诗人白居易的“六月初七日，江头蝉始鸣”以及“蝉发一声时，槐花带两枝”；唐朝诗人刘禹锡的“碧树鸣蝉后，烟云改容光”；宋朝词人柳永的“寒蝉凄切，对长亭晚，骤雨初歇”；宋朝词人辛弃疾的“明月别枝惊鹊，清风半夜鸣蝉”；等等。

庄周梦蝶的故事，“不知周之梦为蝴蝶与，蝴蝶之梦为周与”，表达出作者对于自由的向往。唐朝诗人李商隐的“庄生晓梦迷蝴蝶，望帝春心托杜鹃”，唐朝诗人杜甫的“穿花蛱蝶深深见，点水蜻蜓款款飞”都是极优美并传颂千古的诗句。宋朝诗人杨万里的“儿童急走追黄蝶，飞入菜花无处寻”，三言两语便让孩童追蝶嬉戏的画面跃然纸上。

△ **蝴蝶标本展览一角**

△ 蝴蝶生态图

《梁山伯与祝英台》是我国古代民间四大爱情故事之一，被誉为爱情的千古绝唱。从古到今，无数人被梁山伯与祝英台的爱情所感染。故事的最后两人化成蝴蝶，双宿双飞，在悲情中得到了圆满。

4.1 桑蚕

桑蚕又称家蚕，简称蚕，它以桑叶为食，可吐丝结茧，是我国古代主要的经济昆虫之一。蚕一生要经过卵、幼虫、蛹、成虫4个发育阶段，每个发育阶段的不同部位及其代谢产物都有广泛的药用价值。

根据文献记载和文物考证，我们的祖先早在五千多年前的新石器时代就开始植桑养蚕了。蚕桑业在周朝已变得专业化，并受到官方的督察和管理，到战国时期得到高度发展。我国各地出土的战国时期的丝织品很多，有罗、纨、纱、绮、锦、绣等产品。宋、元时期的蚕丝生产和丝织业达到另一高峰，宋朝年产丝绸达340万匹，统治者对蚕丝业与农耕同样重视。我国古籍中常有“农桑并举”的记载。

我国是丝绸的故乡，丝绸文化是我国传统文化中非常具有特色的文化之一，是中华文化和世界文化的重要组成部分。千年丝路的开辟，有力地促进了东西方的经济文化交流，丝绸之路至今仍是东西方交流的一条重要通道，在我国当今的对外经济文化交流中发挥着重大的作用。

△ 桑蚕的茧

4.2 斗蟋蟀

蟋蟀俗称蛐蛐。我国的蟋蟀文化，历史悠久、源远流长。斗蟋蟀活动是非常具有东方色彩的、我国特有的文化生活。斗蟋蟀起于何时，众说纷纭，但从宋代开始逐渐盛行。宋代大文豪苏轼和大书法家黄庭坚都喜欢养蟋蟀玩，尤其黄庭坚还总结出蟋蟀有“五德”。他说这虫儿：“鸣不失时，信也（意思是说蛐蛐开始叫了，一定是秋天到了）；遇敌必斗，勇也（两个公蛐蛐碰到一起，必定要打架）；伤重不降，忠也（蛐蛐好斗，只要不被人分开，它们就会战斗到底）；败则不鸣，知耻也（蛐蛐单挑后，叫的一定是胜利的一方，不叫的一定是输的一方）；寒则归宇，识时务也（天气变得寒凉时，蛐蛐就回到洞穴中不再叫了，懂得自保）。”清代文学家蒲松龄创作的《聊斋志异》中有一篇《促织》，讲的是宣德年间宫中流行斗蟋蟀，一家人为捉一只蟋蟀而经历了种种悲欢离合的故事。这个故事从侧面反映出斗蟋蟀在当时社会中的风靡程度。

齐鲁大地是蟋蟀的主要产地之一，山东宁阳的蟋蟀更是以强悍善斗而著称，历史上宁阳就是历代帝王斗蟋蟀的进贡名产地。在近些年来的全国蟋蟀大赛中，宁阳产的蟋蟀多次获得冠军。

△ 清代斗蟋蟀场景

4.3 毛猴

毛猴是一项非物质文化遗产保护项目。传说清朝京城一家中药铺里，小伙计挨了账房先生的骂，正委屈着，突然心中一动，就用蝉蜕等药材粘了个尖嘴猴腮的“账房先生”。他选取了辛夷做躯干，又分别截取蝉蜕的鼻子做脑袋，前腿做下肢，后腿做上肢，再用白及将这些材料一粘，一个人不像人、猴不像猴的形象便出现了。他拿给师兄们一看，师兄们也都说极像尖嘴猴腮的账房先生。小伙计觉得很开心，算是出了一口气。就这样，在无意间世界上第一个毛猴诞生了。毛猴流传到社会后又被一些人加以完善，逐渐变成了一种深受人们喜爱的手工艺品。

制作毛猴的材料非常简单：蝉蜕用来做头、胳膊和腿，辛夷（玉兰花骨朵）用来做毛猴的身子，白及用来做黏合剂（也可用胶水代替）。制作毛猴难的是设计和构思，优秀的毛猴作品，既能形象地展现人生和社会百态，又能展现出猴的顽皮和活泼。老舍夫人胡絜青曾这样描述毛猴：

半寸猢狲献京都，惟妙惟肖绘习俗。

白描细微创新意，二味饮片胜玑珠。

△ **毛猴**

4.4 冬虫夏草

冬虫夏草，别称冬虫草，是由麦角菌目、麦角菌科、虫草属的冬虫夏草菌寄生于高山草甸土中的蝙蝠蛾科昆虫的幼虫后，使幼虫身躯僵化，在适宜条件下，由僵虫头端抽生出长棒状的子座而形成的，即冬虫夏草是冬虫夏草菌的子实体与僵虫菌核(幼虫尸体)构成的复合体。

冬虫夏草的功效主要有调节免疫系统功能、抗肿瘤、抗疲劳、补肺益肾、止血化痰等。食用方法有打粉、泡酒、泡水等。冬虫夏草主要产于我国青海、西藏、四川、云南、甘肃等地的高寒地带和雪山草原。

△ **虫草图**

4.5 熊蜂授粉

熊蜂体格粗壮，体形中至大型，全身被浓密的毛，似蜜蜂。熊蜂是一类多食性的社会性昆虫。我国的熊蜂种类不少于150 种，而且我国是全世界熊蜂种质资源较丰富的国家之一。

熊蜂被证明在多数环境情况下远比蜜蜂更能有效地进行授粉。目前，熊蜂已被广泛应用于果树、蔬菜和作物的授粉。利用熊蜂为温室蔬菜及果树等授粉，不但可以大大地提高产量，还可以改善果蔬的品质，降低畸形果蔬的比率等。

△ 熊蜂授粉图

昆虫的分类

昆虫的分类

在进行昆虫分类时，可以作为分类依据的特征主要包括：❶形态学特征，这是分类学中最常用、最基本的特征，除一般的外部形态外，分类时还会用到一些特殊构造、内部形态、胚胎学特征及胚后发育特征等；❷生理学特征，包括代谢因子、血清、蛋白质等；❸生态学特征，包括栖境、食物、季节变化、寄主等；❹地理特征，主要包括一般的生物地理分布格局、种群的同域异域关系等；❺遗传学特征，包括细胞核学、同工酶、核酸序列、基因表达和调控等。本次展览共展示了昆虫纲13个目的昆虫标本，本书从中选取了具有较强观赏性的昆虫种类以供读者欣赏。

5.1 鞘翅目

● **概况**：鞘翅目昆虫俗称甲虫，为昆虫纲中乃至动物界中种类最多、分布最广的第一大类，全世界已知的种类有40万种以上，占昆虫纲种类总数的40%左右。该类群的前翅角质化、坚硬，无明显翅脉，称为“鞘翅”。

甲虫体形差异很大，小的体长不到1毫米，大的体长超过200毫米，比如本次展览中的甲虫之最——泰坦大天牛，连同触角，其长度可达210毫米。此外甲虫也以体格大、力量大著称，大王花金龟、亚克提恩大兜虫成虫的体重可达100多克，长戟大兜虫据说可以举起比自身重850倍的物体。闪耀着宝石般色彩的彩虹锹甲，和被誉为彩虹眼睛的吉丁虫，也是甲虫界的明星种类。

● **习性**：鞘翅目昆虫体形大小差异甚大。成虫根据食性不同，可分为以下四类：❶植食性种类，取食草本或木本植物，如天牛、叶甲等；❷肉食性种类，捕食其他昆虫或小动物，如瓢虫、步甲等；❸腐食性种类，能够清除动植物残体与粪便，是自然界中的分解者，如埋葬甲、粪金龟等；❹寄生性种类，如蜣甲、隐翅甲等生活在鸟类、哺乳动物和社会性昆虫的巢穴内，营寄生生活。由于生活环境不同，幼虫也分化出许多类型，根据形态和生活习性大致可分为：蛃型（肉食亚目）、伪蠋型（叶甲科、象甲科等）、侧叶型（两栖甲科）、泳足型（水生甲虫）、蛴螬型（金龟科）、介虫型（扁泥甲科）、枝刺型（铁甲科）。

● **口器**：咀嚼式口器。

● **发育方式**：完全变态，经历卵、幼虫、蛹、成虫4个阶段，少数种类进行复变态，一般每年发生1～4代。

● **分布**：全世界已知的种类超40万种，我国记录的有3万余种。

● **常见种类**：天牛、瓢虫、萤火虫、屎壳郎、斑蝥、独角仙、吉丁虫、芫菁、金龟子、龙虱、米象等。

△ **金龟科 | 悍马巨蜣螂**
Heliocopris bucephalus
雄 印度尼西亚

△ **金龟科 | 悍马巨蜣螂**
Heliocopris bucephalus
雌 印度尼西亚

△ **金龟科｜绿锐胸蜣螂**
Oxysternon conspicillatum
雄 秘鲁

△ **金龟科｜激烈彩虹蜣螂**
Phanaeus furiosus
雄 墨西哥

△ **金龟科｜帝王彩虹蜣螂 指名亚种**
Phanaeus imperator imperator
雄 阿根廷

△ **金龟科｜阿氏沟彩虹蜣螂**
Sulcophanaeus achilli
雄 秘鲁

▷ **花金龟科｜白纹大角花金龟**
Goliathus orientalis
雄 刚果

▷ **花金龟科｜白纹大角花金龟**（直纹型）
Goliathus orientalis preissi
雄 坦桑尼亚

▷ **花金龟科｜虎斑大角金龟**
Goliathus albosignatus kirkianus
雄 津巴布韦

△ **花金龟科｜绿奇花金龟 指名亚种**
Agestrata orichalca orichalca
泰国

△ **花金龟科｜白条绿花金龟**
Dicronorhina derbyana oberthueri
雄 坦桑尼亚

△ **花金龟科｜绿宝石铜花金龟**
Chalcothea smaragdina
印度尼西亚

△ **花金龟科｜土瓜塔长角花金龟**
Mecynorhina torquata poggei
雄 刚果

△ **花金龟科｜欧贝鲁花金龟**（豹纹型）
Mecynorhina oberthuri decorata
雄 坦桑尼亚

△ **花金龟科｜印加角金龟**
Inca clathratus sommeri
雄 墨西哥

△ **花金龟科｜丽罗花金龟**（金绿色型）
Rhomborrhina resplendens chatanayi
泰国

△ **花金龟科｜丽罗花金龟**（青绿色型）
Rhomborrhina resplendens chatanayi
泰国

△ **花金龟科｜战士异花金龟**
Thaumastopeus pugnator
印度尼西亚

△ **花金龟科｜谢氏伪铜花金龟**
Pseudochalcothea shelfordi
雄 印度尼西亚

△ **花金龟科｜贝氏翻角花金龟**
Ranzania bertolonii
雄 坦桑尼亚

△ **花金龟科｜贝氏翻角花金龟**
Ranzania bertolonii
雌 坦桑尼亚

△ **花金龟科｜红阔花金龟 指明亚种**（红色型）
Torynorrhina flammea flammea
泰国

△ **花金龟科｜红阔花金龟 指明亚种**（紫色型）
Torynorrhina flammea flammea
泰国

△ **花金龟科｜红阔花金龟 指明亚种**（绿色型）
Torynorrhina flammea flammea
泰国

△ **花金龟科｜粉印加角金龟**
Inca pulverulenta
雄 巴西

△ **花金龟科｜双色洛花金龟**
Lomaptera bicolorata
印度尼西亚

△ **花金龟科｜瓦氏欧花金龟**
Euchroea vadoni
马达加斯加

△ **花金龟科｜麦氏突花金龟**
Heterorrhina macleayi
菲律宾

△ **花金龟科｜缅甸扩唇花金龟**
Ingrisma burmanica
泰国

△ **花金龟科｜粗胫星花金龟**
Protaetia niveoguttata
泰国

△ **花金龟科｜信行氏兜形花金龟**
Theodosia nobuyukii
雄 印度尼西亚

△ **花金龟科｜沃氏头花金龟**
Mycteristes vollenhoveni
雄 印度尼西亚

△ **花金龟科｜沃氏头花金龟**
Mycteristes vollenhoveni
雌 印度尼西亚

△ **花金龟科｜索洛星花金龟**
Protaetia solorensis
印度尼西亚

△ **花金龟科｜惊鸿带花金龟**
Taeniodera egregia
印度尼西亚

△ **犀金龟科｜亚特拉斯南洋大兜虫 指名亚种**
Chalcosoma atlas atlas
雄 印度尼西亚

△ **犀金龟科｜亚特拉斯南洋大兜虫**
Chalcosoma atlas keyboh
雄 印度尼西亚

△ **犀金龟科｜亚特拉斯南洋大兜虫**
Chalcosoma atlas sintae
雄 印度尼西亚

△ **犀金龟科｜高卡萨斯南洋大兜虫**
Chalcosoma caucasus
雄 印度尼西亚

△ **犀金龟科｜高卡萨斯南洋大兜虫 指明亚种**
Chalcosoma caucasus caucasus
雄 印度尼西亚

△ **犀金龟科｜婆罗洲南洋大兜虫**
Chalcosoma mollenkampi
雄 印度尼西亚

△ **犀金龟科｜安格尼斯南洋大兜虫**
Chalcosoma engganensis
雄 印度尼西亚

△ **犀金龟科｜安格尼斯南洋大兜虫**
Chalcosoma engganensis
雌 印度尼西亚

△ **犀金龟科｜亚克提恩大兜虫**
Megasoma actaeon
雄 秘鲁

△ **犀金龟科｜亚克提恩大兜虫**
Megasoma actaeon
雌 秘鲁

△ **犀金龟科｜战神大兜虫**
Megasoma mars
雄 秘鲁

△ **犀金龟科｜战神大兜虫**
Megasoma mars
雌 秘鲁

△ **犀金龟科｜三角龙兜虫**
Strategus aloeus sloues
雄 巴西

△ **犀金龟科｜三角龙兜虫**
Strategus aloeus sloues
雌 巴西

△ **犀金龟科｜三叉戟大兜虫 指名亚种**
Eupatorus beccarii beccarii
雄 印度尼西亚

△ **犀金龟科｜三叉戟大兜虫 指名亚种**
Eupatorus beccarii beccarii
雌 印度尼西亚

△ **犀金龟科｜长戟大兜虫**
Dynastes hercules ecuatorianus
雄 厄瓜多尔

△ **犀金龟科｜长戟大兜虫**
Dynastes hercules lichyi
雄 哥伦比亚

△ **犀金龟科｜长戟大兜虫**
Dynastes hercules morishimai
雄 玻利维亚

△ **犀金龟科｜长戟大兜虫**
Dynastes hercules occidentalis
雄 厄瓜多尔

△ **犀金龟科｜五角大兜虫**
Eupatorus gracilicornis
雄 泰国

△ **犀金龟科｜魔暴龙兜虫**
Trichogomphus lunicollis alcides
雄 印度尼西亚

△ **犀金龟科｜橡胶木犀金龟 指名亚种**
Xylotrupes gideon gideon
雄 印度尼西亚

△ **犀金龟科｜橡胶木犀金龟 洛氏亚种**
Xylotrupes gideon lorquini
雄 印度尼西亚

△ **犀金龟科｜橡胶木犀金龟 暹罗亚种**
Xylotrupes gideon siamensis
雄 泰国

△ **犀金龟科｜橡胶木犀金龟**
Xylotrupes gideon sondaicus
雄 印度尼西亚

△ **犀金龟科｜橡胶木犀金龟 苏门答腊亚种**
Xylotrupes gideon sumatrensis
雄 印度尼西亚

△ **犀金龟科｜橡胶木犀金龟 马来亚种**
Xylotrupes gideon tanahmelayu
雄 马来西亚

△ **犀金龟科｜爱情海竖角兜虫**
Golofa aegeon
雄 秘鲁

△ **犀金龟科｜菱形竖角兜虫**
Golofa claviger
雄 秘鲁

△ **犀金龟科｜波特瑞长臂竖角兜虫**
Golofa porteri
雄 秘鲁

△ **犀金龟科｜斯巴达竖角兜虫**
Golofa spatha
雄 秘鲁

△ **犀金龟科｜潘角兜虫**
Enema pan
雄 秘鲁

△ **犀金龟科｜潘角兜虫**
Enema pan
雌 秘鲁

△ **犀金龟科｜美西白兜虫**
Dynastes granti
雄 美国

△ **犀金龟科｜玛雅大兜虫**
Dynastes maya
雄 墨西哥

△ **犀金龟科｜墨西哥白兜虫 指名亚种**
Dynastes hyllus hyllus
雄 墨西哥

△ **犀金龟科｜墨西哥白兜虫 指名亚种**
Dynastes hyllus hyllus
雌 墨西哥

△ **犀金龟科｜对角叉角犀金龟**
Coelosis biloba
雄 秘鲁

△ **犀金龟科｜双尖弯角兜虫**
Agacephala bicuspis
雄 委内瑞拉

△ **犀金龟科｜五角恐龙兜虫**
Dipelicus cantori
雄 印度尼西亚

△ **丽金龟科｜维多利亚宝石金龟**
Plusiotis victorina
雌 墨西哥

△ **丽金龟科｜红头宝石金龟**
Plusiotis erubescens
雄 墨西哥

△ **丽金龟科｜阿道夫宝石金龟**
Plusiotis adolphi
雌 墨西哥

△ **丽金龟科｜羽蛇神宝石金龟**
Plusiotis quetzelcoatli
雄 洪都拉斯

△ **丽金龟科｜阿德拉伊达宝石金龟**（红色型）
Plusiotis adelaida
雄 墨西哥

△ **丽金龟科｜莫迪里斯丽金龟**
Modialis prasinella
智利

△ **丽金龟科｜拉氏宝石金龟**
Plusiotis lacordairei
雄 墨西哥

△ **丽金龟科｜墨绿彩丽金龟**
Mimela splendens
老挝

△ **丽金龟科｜金绿长脚金龟**
Chrysophora chrysochlora
雄 秘鲁

△ **丽金龟科｜金闪宝石金龟**
Plusiotis aurigans
雄 哥斯达黎加

△ **丽金龟科｜亮银宝石金龟**
Plusiotis argenteola
雄 厄瓜多尔

△ **丽金龟科｜金彩宝石金龟**
Plusiotis chrysargirea
雄 哥斯达黎加

△ **丽金龟科｜铜宝石金龟**
Plusiotis chalcothea
哥斯达黎加

△ **丽金龟科｜贝氏宝石金龟**
Plusiotis batesi
雄 哥斯达黎加

△ **丽金龟科｜铜盔丽金龟**
Spodochlamys cupreola
雌 哥斯达黎加

△ **丽金龟科｜獠牙猪金龟**
Dicaulocephalus fruhstorferi
雄 老挝

△ **丽金龟科｜丰色彩丽金龟**
Mimela ohausi
老挝

△ **臂金龟科｜茶色长臂金龟 指名亚种**
Euchirus longimanus longimanus
雄 印度尼西亚

△ **臂金龟科｜茶色长臂金龟 指名亚种**
Euchirus longimanus longimanus
雌 印度尼西亚

△ **粪金龟科｜金彩粪金龟 指名亚种**
Geotrupes auratus auratus
日本

△ **鳃金龟科｜革鳞鳃金龟**
Dermolepida pica
印度尼西亚

△ **吉丁科｜宽翅吉丁虫 指名亚种**
Catoxantha opulenta opulenta
马来西亚

△ **吉丁科｜赤胸锦吉丁 指名亚种**
Chrysochroa buqueti buqueti
马来西亚

△ **吉丁科 | 桑氏金吉丁**
Chrysochroa saundersii
泰国

△ **吉丁科 | 韦氏金吉丁**
Chrysochroa weyersii
马来西亚

△ **吉丁科 | 帝王吉丁虫 指名亚种**
Euchroma gigantea gigantea
秘鲁

△ **吉丁科 | 双斑硕黄吉丁 阿萨姆亚种**
Megaloxantha bicolor assamensis
泰国

△ **吉丁科 | 戴氏硕黄吉丁**
Megaloxantha daleni kyokoae
马来西亚

△ **吉丁科 | 紫硕黄吉丁**
Megaloxantha purpurascens peninsulae
马来西亚

△ **吉丁科｜栗椭圆吉丁 布氏亚种**
Sternocera castanea boucardii
肯尼亚

△ **吉丁科｜华丽绒毛吉丁 指名亚种**
Polybothris sumptuosa sumptuosa
马达加斯加

△ **吉丁科｜美丽椭圆吉丁**
Sternocera pulchra fischeri
坦桑尼亚

△ **吉丁科｜华丽绒毛吉丁**
Polybothris sumptuosa gema
马达加斯加

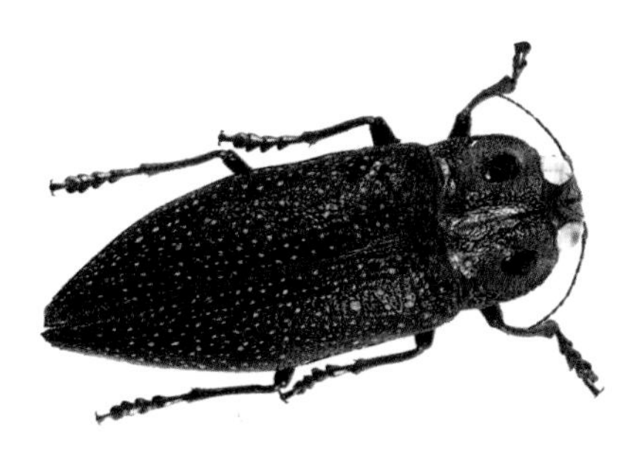

△ **吉丁科｜罗氏眼吉丁**
Lampropepla rothschildi
马达加斯加

△ **吉丁科｜图氏金吉丁**
Chrysochroa toulgoeti
马来西亚

△ **吉丁科 | 合欢吉丁 指名亚种**
Chrysochroa fulminans fulminans
印度尼西亚

△ **吉丁科 | 合欢吉丁 指名亚种**（紫色型）
Chrysochroa fulminans fulminans
印度尼西亚

△ **吉丁科 | 黄带锦吉丁 指名亚种**
Chrysochroa castelnaudi castelnaudi
马来西亚

△ **吉丁科 | 端红绿吉丁**
Chrysochroa aurora
印度尼西亚

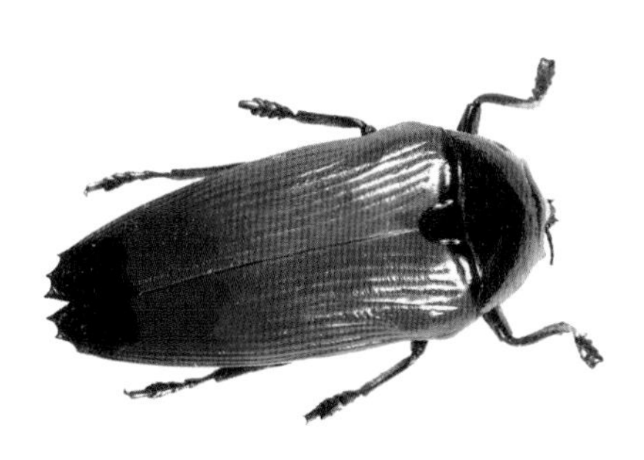

△ **吉丁科 | 端黑艳吉丁**
Metaxymorpha apicalis
印度尼西亚

△ **吉丁科 | 华丽胸斑吉丁虫**
Belionota sumptuosa
印度尼西亚

△ **吉丁科｜缝合驼翅吉丁**
Cyphogastra suturalis
印度尼西亚

△ **吉丁科｜孔彩吉丁**
Chrysodema foraminifera
印度尼西亚

△ **吉丁科｜红绿金吉丁**
Chrysochroa vittata
泰国

△ **吉丁科｜纳塔尔琥珀吉丁**
Amblysterna natalensis
坦桑尼亚

△ **吉丁科｜驼翅吉丁**
Cyphogastra calepyga
印度尼西亚

△ **吉丁科｜婆罗胸斑吉丁**
Belionota borneensis
印度尼西亚

△ **吉丁科｜东京虹彩吉丁**
Iridotaenia tonkinea
老挝

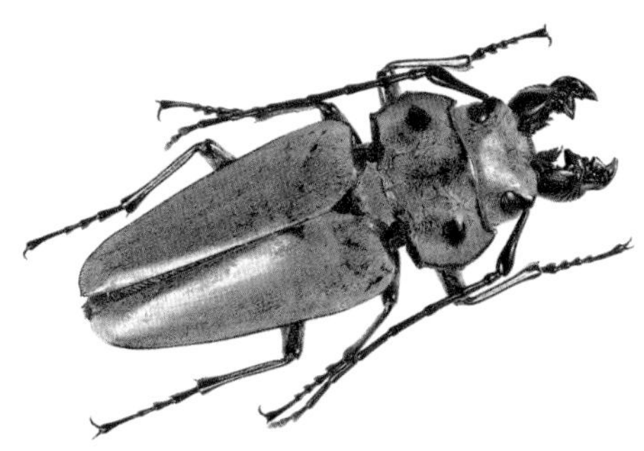

△ **三栉牛科｜乔尊三栉牛**
Trictenotoma childreni
雄 印度尼西亚

△ **三栉牛科｜乔尊三栉牛**
Trictenotoma childreni
雌 印度尼西亚

△ **天牛科｜泰坦大天牛**
Titanus giganteus
雄 秘鲁

△ **天牛科｜齿胸巨天牛**
Xixuthrus microcerus lunicollis
雌 印度尼西亚

△ **天牛科｜本天牛 指名亚种**
Bandar pascoei pascoei
印度尼西亚

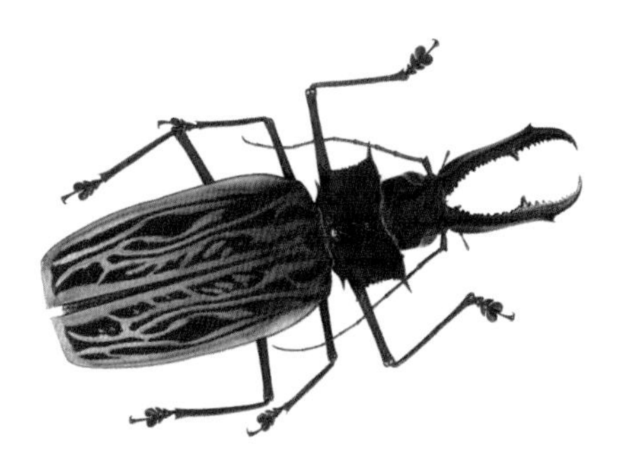

△ **天牛科｜鹿角长牙大天牛**
Macrodontia cervicornis
雄 秘鲁

△ **天牛科｜鹿角长牙大天牛**
Macrodontia cervicornis
雌 秘鲁

△ **天牛科｜大薄翅天牛**
Callipogon armillatus
雄 秘鲁

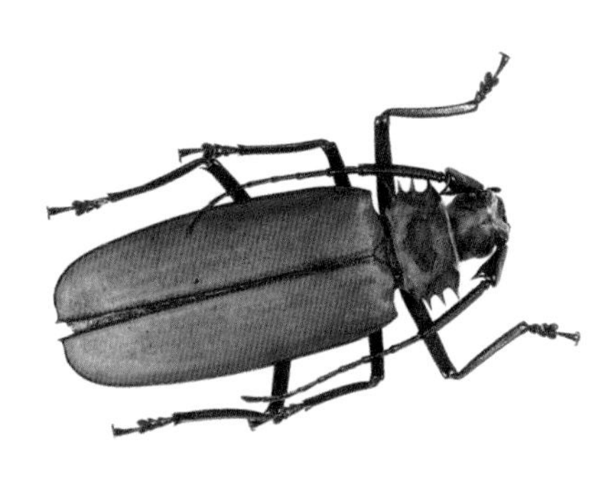

△ **天牛科｜大薄翅天牛**
Callipogon armillatus
雌 秘鲁

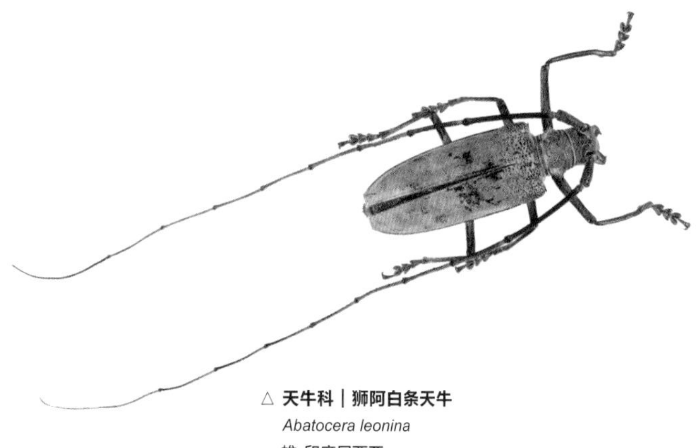

△ **天牛科｜狮阿白条天牛**
Abatocera leonina
雄 印度尼西亚

△ **天牛科｜狮阿白条天牛**
Abatocera leonina
雌 印度尼西亚

△ **天牛科｜酋长锯眼天牛**
Prionocalus cacicus
雄 秘鲁

△ **天牛科｜酋长锯眼天牛**
Prionocalus cacicus
雌 秘鲁

△ **天牛科｜长牙土天牛**
Dorysthenes walkeri
雄 泰国

△ **天牛科｜缅甸星天牛**
Anoplophora birmanica
雌 泰国

△ **天牛科｜蓝斑星天牛**
Anoplophora davidis
雌 老挝

△ **天牛科｜梅氏星天牛**
Anoplophora medembachi
雄 印度尼西亚

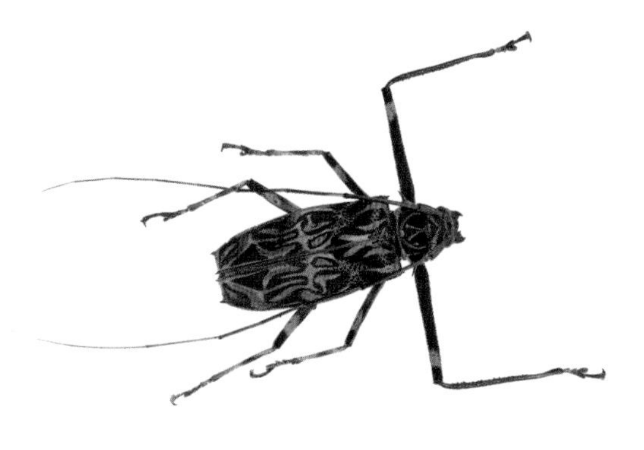

△ **天牛科 | 彩虹长臂天牛**
Acrocinus longimanus
雄 秘鲁

△ **天牛科 | 丽艳大星斑天牛**
Calloplophora albopicta
雄 中国

△ **天牛科 | 黄带厚天牛**
Pachyteria dimiidiata
泰国

△ **天牛科 | 美丽显带天牛**
Zonopterus pulcher
马来西亚

△ **天牛科 | 台湾刺楔天牛**
Thermistis taiwanensis
中国

△ **天牛科 | 网斑地衣天牛**
Palimna annulata
雌 印度尼西亚

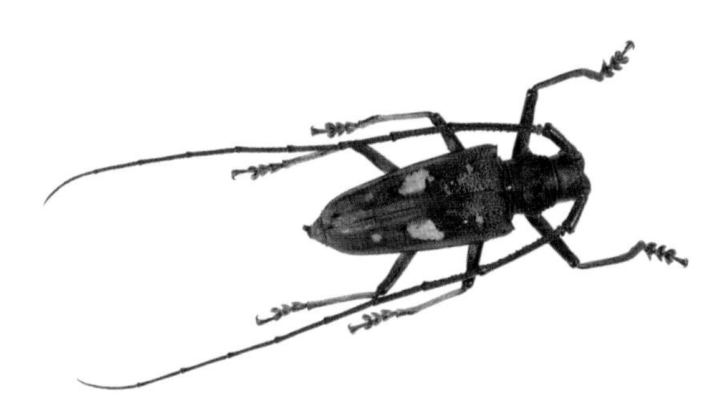

△ **天牛科｜西里伯斯白条天牛**
Batocera celebiana
雄 印度尼西亚

△ **天牛科｜西里伯斯白条天牛**
Batocera celebiana
雌 印度尼西亚

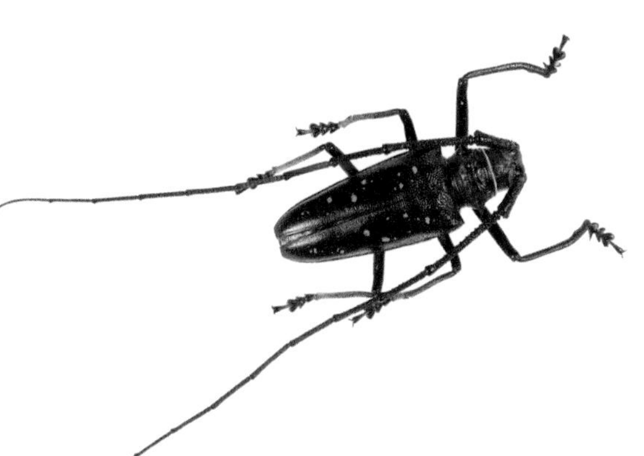

△ **天牛科｜金黑白条天牛 西方亚种**
Batocera aeneonigra occidentalis
雄 印度尼西亚

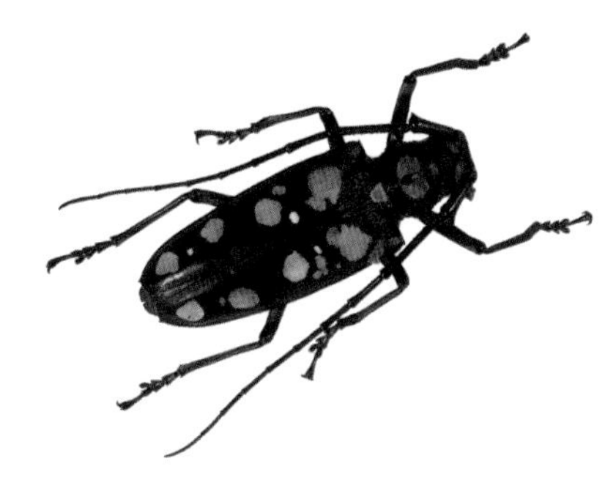

△ **天牛科｜芒果白条天牛**
Batocera roylei
雌 泰国

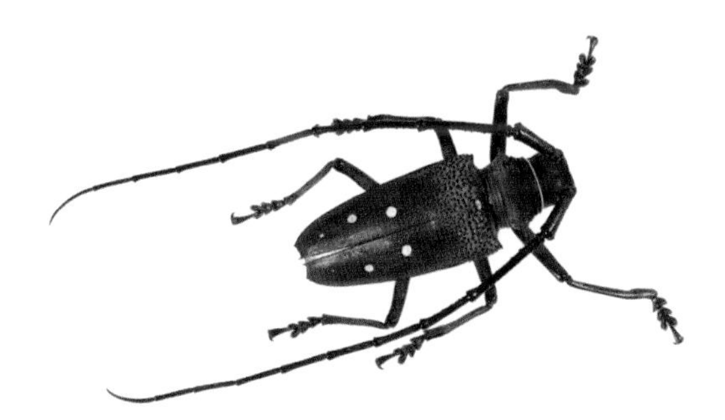

△ **天牛科｜蕾娜白条天牛 指名亚种**
Batocera laena laena
雄 印度尼西亚

△ **天牛科｜蕾娜白条天牛 指名亚种**
Batocera laena laena
雌 印度尼西亚

△ **天牛科｜云斑白条天牛**
Batocera lineolata
雄 泰国

△ **天牛科｜云斑白条天牛**
Batocera lineolata
雌 泰国

△ **天牛科｜圆八星白条天牛**
Batocera parryi
雄 印度尼西亚

△ **天牛科｜圆八星白条天牛**
Batocera parryi
雌 马来西亚

△ **天牛科｜紫闪天牛**
Sphingnotus mirabilis resplendens
印度尼西亚

△ **天牛科｜碧翠丝井脊天牛**
Glenea beatrix
印度尼西亚

△ **天牛科｜星空井脊天牛**
Glenea celestis
印度尼西亚

△ **天牛科｜福氏居天牛**
Nemophas forbesi
雄 印度尼西亚

△ **天牛科｜直纹指角天牛**
Gnoma agroides
雄 印度尼西亚

△ **天牛科｜直纹指角天牛**
Gnoma agroides
雌 印度尼西亚

△ **天牛科｜葛氏居天牛**
Nemophas grayi
雄 印度尼西亚

△ **天牛科｜拉氏梅溪胸天牛**
Tmesisternus rafaelae
印度尼西亚

△ **天牛科｜罗氏居天牛**
Nemophas rosenbergi
雄 印度尼西亚

△ **天牛科｜三色居天牛**
Nemophas tricolor
雄 印度尼西亚

△ **天牛科｜四斑紫天牛**
Purpuricenus quadrinotatus
雄 印度尼西亚

△ **天牛科｜四斑紫天牛**
Purpuricenus quadrinotatus
雌 印度尼西亚

△ **天牛科｜黄斑天牛**
Stellognata maculata
雄 马达加斯加

△ **天牛科｜黄斑天牛**
Stellognata maculata
雌 马达加斯加

△ **锹甲科｜罗氏黄金鬼锹**
Allotopus rosenbergi
雄 印度尼西亚

△ **锹甲科｜阿氏细身赤锹**
Cyclommatus alagari
雄 菲律宾

△ **锹甲科｜美它力佛细身赤锹**
Cyclommatus metallifer finae
雄 印度尼西亚

△ **锹甲科｜牛头扁锹**
Dorcus bucephalus
雄 印度尼西亚

△ **锹甲科｜宽扁锹**（短角型）
Dorcus alcides
雄 印度尼西亚

△ **锹甲科｜宽扁锹**（长角型）
Dorcus alcides
雄 印度尼西亚

△ **锹甲科｜泰坦扁锹 信行氏亚种**
Dorcus titanus nobuyukii
雄 印度尼西亚

△ **锹甲科｜泰坦扁锹 台风亚种**
Dorcus titanus typhon
雄 印度尼西亚

△ **锹甲科｜泰坦扁锹 安冈氏亚种**
Dorcus titanus yasuokai
雄 印度尼西亚

△ **锹甲科｜瑞奇大锹**
Dorcus ritsemae volscens
雄 印度尼西亚

△ **锹甲科｜黑叉角锹**
Hexarthrius buqueti
雄 印度尼西亚

△ **锹甲科｜巨颚叉角锹**
Hexarthrius mandibularis sumatranus
雄 印度尼西亚

△ **锹甲科｜犀牛叉角锹**
Hexarthrius rhinoceros chaudoiri
雄 印度尼西亚

△ **锹甲科｜橘背叉角锹**
Hexarthrius parryi deyrollei
雄 泰国

△ **锹甲科｜拉克达尔鬼艳锹**（大颚型）
Odontolabis lacordairei
雄 印度尼西亚

△ **锹甲科｜帝王鬼艳锹**
Odontolabis imperialis komorii
雄 菲律宾

△ **锹甲科｜达尔曼鬼艳锹 西里伯斯亚种**
Odontolabis dalmanni celebensis
雄 印度尼西亚

△ **锹甲科｜达尔曼鬼艳锹 西里伯斯亚种**
Odontolabis dalmanni celebensis
雌 印度尼西亚

△ **锹甲科｜长颈鹿锯锹**
Prosopocoilus giraffa keisukei
雄 印度尼西亚

△ **锹甲科｜法布尔锯锹**
Prosopocoilus fabricei fabricei
雄 印度尼西亚

△ **锹甲科｜三点锯锹 指名亚种**（强颚型）
Prosopocoilus occipitalis occipitalis
雄 印度尼西亚

△ **锹甲科｜鼷鹿锯锹 指名亚种**
Prosopocoilus tragulus tragulus
雄 印度尼西亚

△ **锹甲科｜印尼斑马锯锹**
Prosopocoilus zebra nobuyukii
雄 印度尼西亚

△ **锹甲科｜野牛锯锹**
Prosopocoilus bison magnificus
雄 印度尼西亚

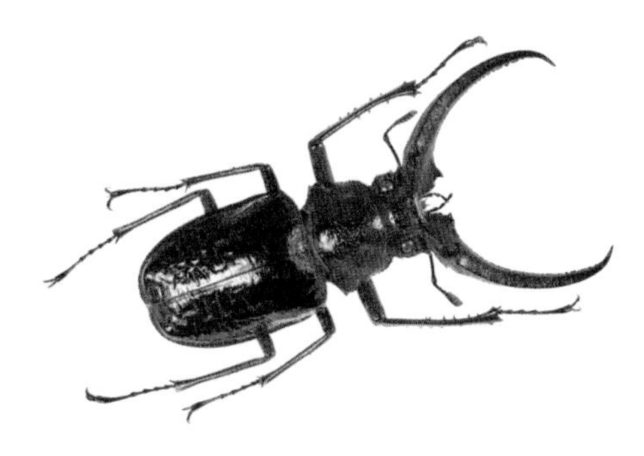

△ **锹甲科｜四眼锹**
Sphaenognathus feisthameli
雄 秘鲁

△ **锹甲科｜四眼锹**
Sphaenognathus feisthameli
雌 秘鲁

△ **锹甲科｜巨鹿锹**
Rhaetus westwoodi kazumiae
雄 缅甸

△ **锹甲科｜澳洲彩虹锹**
Phalacrognathus muelleri
雄 澳大利亚

△ **锹甲科｜麋鹿鬼艳锹**
Odontolabis striata cephalotes
雄 印度尼西亚

△ **锹甲科｜布鲁克鬼艳锹**（强颚型）
Odontolabis brookeana
雄 印度尼西亚

△ **锹甲科｜布氏新锹**
Neolucanus brochieri
雄 缅甸

△ **锹甲科｜缝斑新锹**
Neolucanus parryi
雌 泰国

△ **锹甲科｜宽新锹**
Neolucanus laticollis
雄 印度尼西亚

△ **锹甲科｜尖齿拟深山锹**
Eolucanus lesnei
雄 缅甸

△ **锹甲科｜印尼金锹**
Lamprima adolphinae
雄 印度尼西亚

△ **锹甲科｜印尼金锹**
Lamprima adolphinae
雌 印度尼西亚

△ **锹甲科｜印尼金锹**（蓝色型）
Lamprima adolphinae
雄 印度尼西亚

△ **象甲科｜锦绣短脚象**
Brachycerus ornatus
坦桑尼亚

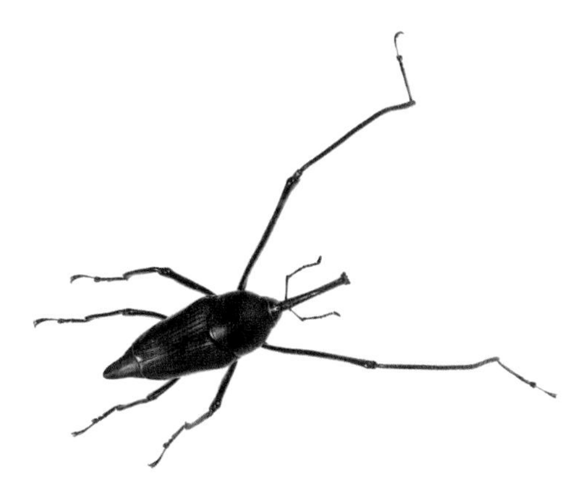

△ **象甲科｜花式长足象甲**
Mahakamia kampmeinerti
雄 印度尼西亚

△ **象甲科｜尖头西里伯象**
Celebia arrigans
印度尼西亚

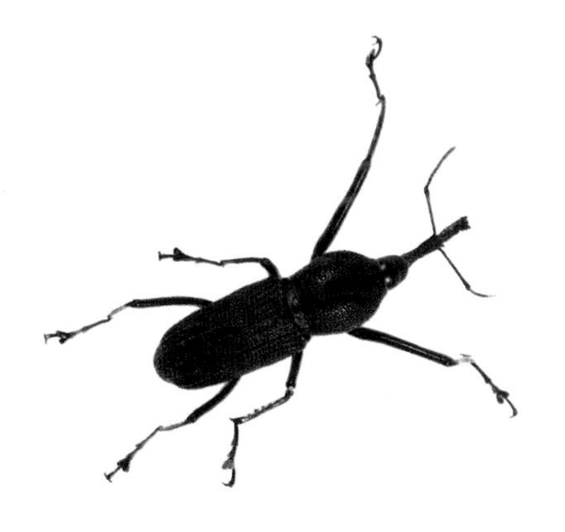

△ **象甲科｜须喙叉鼻象**
Rhinostomus barbirostris
雄 秘鲁

△ **象甲科｜度氏犀鼻象**
Rhinoscapha dohrni
印度尼西亚

△ **象甲科｜卓越犀鼻象**
Rhinoscapha insignis
印度尼西亚

△ **象甲科｜罗氏纹象甲**
Rhytidophloeus rothschildi
马达加斯加

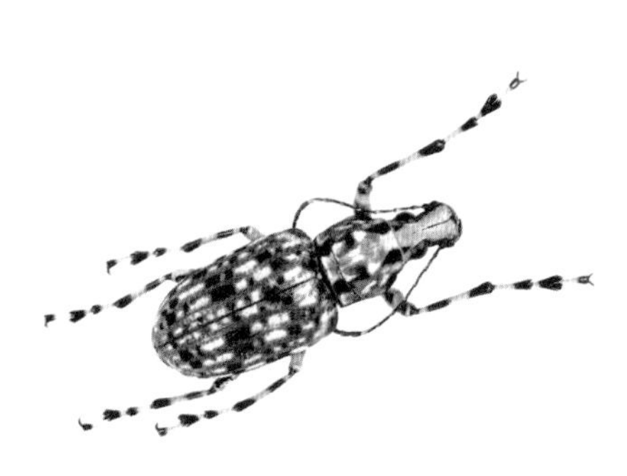

△ **象甲科｜基花斑长角象**
Mecocerus basalis philippinensis
雌 菲律宾

△ **象甲科｜眼斑长足象**
Alcidodes ocellatus
菲律宾

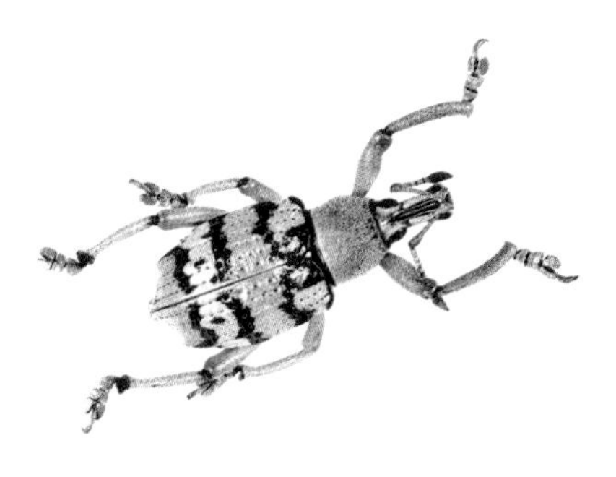

△ **象甲科｜谢氏彩虹象**
Eupholus chevrolati
印度尼西亚

△ **象甲科｜居氏彩虹象**
Eupholus cuvieri
印度尼西亚

△ **象甲科｜杰弗罗彩虹象**
Eupholus geoffroyi
印度尼西亚

△ **象甲科｜林奈彩虹象**
Eupholus linnei
印度尼西亚

△ **象甲科｜华丽彩虹象**
Eupholus magnificus
印度尼西亚

△ **象甲科｜桑氏彩虹象 佩氏亚种**
Eupholus schoenherri petiti
印度尼西亚

△ **象甲科｜美丽球背象**
Pachyrrhynchus amabilis
菲律宾

△ **象甲科｜度氏球背象**
Pachyrrhynchus dohrni
菲律宾

△ **象甲科 | 浓云球背象 眼斑亚种**
Pachyrrhynchus congestus ocellatus
菲律宾

△ **象甲科 | 浓云球背象 粗壮亚种**
Pachyrrhynchus congestus robustus
菲律宾

△ **象甲科 | 珠斑球背象**
Pachyrrhynchus gemmatus
菲律宾

△ **象甲科 | 伟大球背象**
Pachyrrhynchus inclytus
菲律宾

△ **象甲科 | 灿亮球背象**
Pachyrrhynchus speciosus
菲律宾

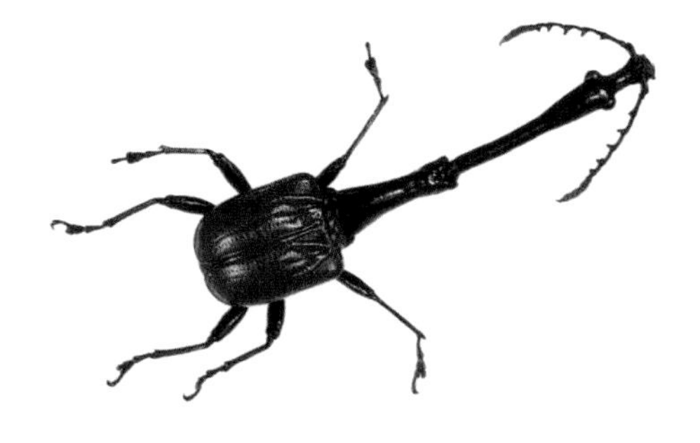

△ **象甲科 | 长颈鹿象甲**
Trachelophorus giraffa
雄 马达加斯加

△ **叶甲科｜山地绢丽叶甲**
Haplosonyx monticola
印度尼西亚

△ **叶甲科｜黑鞘绢丽叶甲**
Haplosonyx nigripennis
印度尼西亚

△ **叩甲科｜丽叩甲**
Campostermus cyaniventris
印度尼西亚

△ **叩甲科｜朱肩丽叩甲**
Campostermus gemma
泰国

△ **叩甲科｜阔宽丽叩甲**
Campostermus latiusculus
印度尼西亚

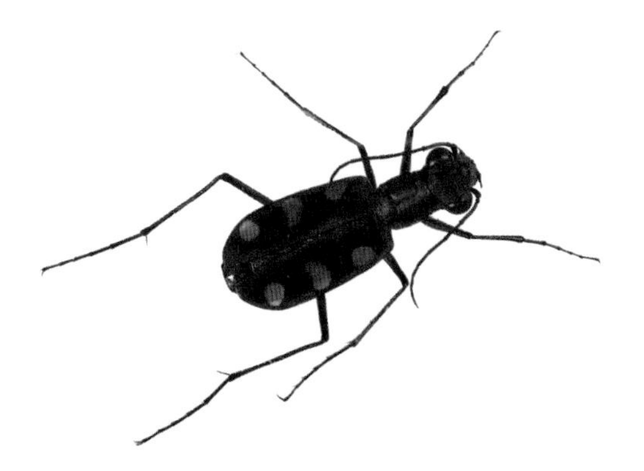

△ **虎甲科｜金斑虎甲**
Cicindela aurulenta
印度尼西亚

△ **虎甲科｜帝王虎甲虫**
Manticora imperator
雄 津巴布韦

△ **葬甲科｜雷氏丧葬甲**
Necrophila renatae
印度尼西亚

△ **葬甲科｜显覆葬甲**
Nicrophorus distinctus
印度尼西亚

△ **步甲科｜疆星步甲**
Calosoma sycophanta
雌 斯洛伐克

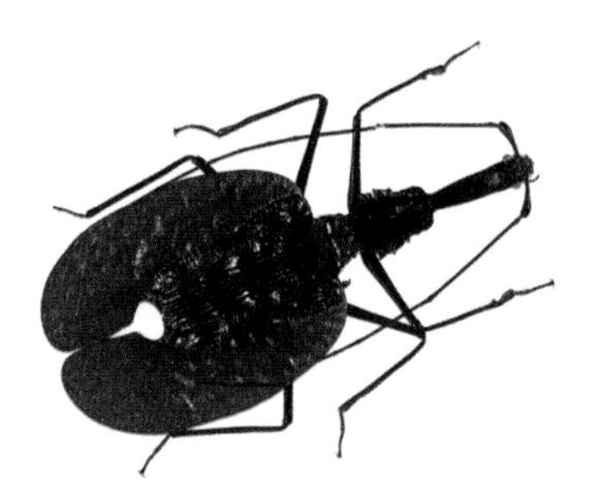

△ **步甲科｜琴步甲**
Mormolyce phyllodes
印度尼西亚

△ **郭公虫科｜郭公虫**
Cleridae sp.
印度尼西亚

△ **芫菁科｜德氏齿芫菁**
Horia debyi
雄 印度尼西亚

▷ **芫菁科｜德氏齿芫菁**
Horia debyi
雌 印度尼西亚

△ **黑蜣科｜格瑞大黑蜣**
Proculus goryi
危地马拉

△ **隐翅虫科｜隐翅虫**
Staphylinidae sp.
印度尼西亚

△ **红萤科｜三叶虫红萤**

Duliticola sp.

印度尼西亚

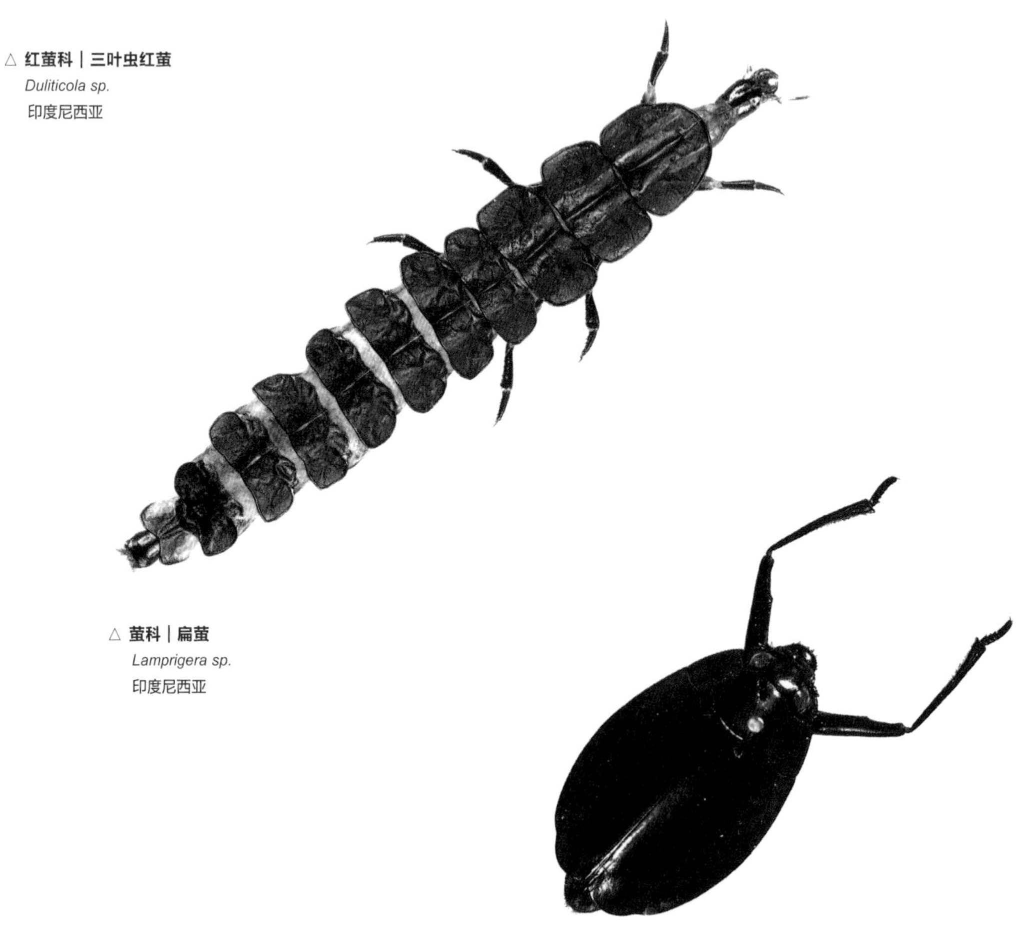

△ **萤科｜扁萤**

Lamprigera sp.

印度尼西亚

△ **豉甲科｜豉豆虫**

Gyrinidae sp.

印度尼西亚

5.2 半翅目

● **概况**：半翅目也是昆虫纲中较大的类群之一。半翅目的前翅在静止时覆盖在身体背面，后翅藏于其下。由于一些类群前翅基部骨化、加厚，形成“半鞘翅”，因此得名“半翅目”。目前很多分类系统将同翅目和半翅目合并在一起。

● **习性**：半翅目成虫和若虫的栖息环境和食性相似，多为植食性，是危害经济作物的害虫。它们刺吸植物汁液、延缓植物生长发育，更甚者可以传播植物病毒。已知的传播病毒的昆虫80%属于半翅目，比如蚜虫、叶蝉等。捕食性种类以其他昆虫或小动物为食，大部分是害虫的天敌、农林业的益虫，比如猎蝽、花蝽等。有些种类可以分泌白蜡、紫胶或形成虫瘿，产生五倍子，是重要的工业资源昆虫和药用资源昆虫。另外半翅目昆虫中不少种类能够发声，比如蝉、飞虱等，也有一些种类是重要的观赏昆虫。

● **口器**：刺吸式口器。

● **发育方式**：渐变态，经历卵、若虫、成虫3个阶段，有些种类还进行孤雌生殖。

● **分布**：全世界已知的种类有9万余种，我国记录的有1.22万余种。

● **常见种类**：蝽、蝉、沫蝉、叶蝉、角蝉、蜡蝉、蚜虫、木虱和粉虱等。

△ **蝉科｜琥珀蝉**
Ambragaeana ambra
泰国

△ **蝉科｜昂蝉**
Angamiana floridula
泰国

△ **蝉科｜高山爷蝉**
Formotosena montivaga
泰国

△ **蝉科｜陈氏斑蝉**
Gaeana cheni
泰国

△ **蝉科｜赤翅红蝉**
Huechys incarnata
印度尼西亚

△ **蝉科｜帝王蝉**
Pomponia imperatoria
雄 马来西亚

△ **蝉科｜白环纹大笃蝉**
Tosena fasciata
泰国

△ **蜡蝉科｜南美提灯蜡蝉 指名亚种**
Fulgora laternaria laternaria
雌 秘鲁

△ **蜡蝉科｜西里伯悲蜡蝉**

Penthicodes celebica

印度尼西亚

△ **蜡蝉科｜阿施塔特蜡蝉（橙色型）**

Pyrops astarte

泰国

△ **蜡蝉科｜长吻蜡蝉**

Pyrops candelaria

泰国

△ 蜡蝉科 | 塞勒涅蜡蝉
Scamandra selene
印度尼西亚

△ 蛾蜡蝉科 | 环纹宽额蛾蜡蝉
Bythopsyrna circulata
印度尼西亚

△ 蝽科 | 光辉长肩角蝽
Amissus nitidus
印度尼西亚

△ **蝽科｜红显蝽**
Catacanthus incarnatus
印度尼西亚

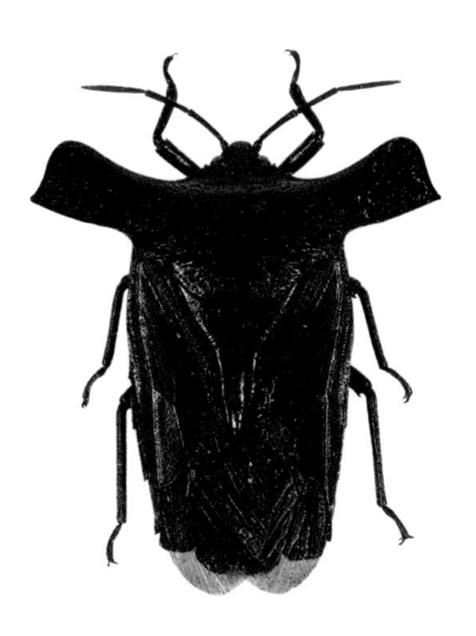

△ **荔蝽科｜强壮阔肩蝽**
Pygoplatys validus
印度尼西亚

△ **负蝽科｜印度鳖蝽**
Lethocerus indicus
印度尼西亚

△ **蝎蝽科｜红蝎蝽**
Nepa rubra
雄 印度尼西亚

5.3 蜚蠊目

● **概况**：蜚蠊俗称蟑螂；身体扁平；一般有两对翅，前翅为革质，后翅为膜质，有的类群无翅。虽然大部分蜚蠊是一类令人讨厌的害虫，但有些种类也是名贵的中药材，比如地鳖。地鳖很早就被医书记载，具有通经活络、活血化瘀的功效，现代研究也发现地鳖在抑制肿瘤方面有积极作用。近年来野生地鳖已经远远不能满足市场的需求了，因此地鳖的人工饲养和繁殖发展迅猛。

● **习性**：适应性强是蜚蠊目昆虫最大的特点，因此蜚蠊目的昆虫有“打不死的小强”之称，究其原因有以下几点：一是善隐蔽、食性杂，在有食物和水的地方都能生存；二是繁殖速度快，终年活动与繁殖，有的种类在适宜环境条件下，两个月就能完成1代；三是繁殖方式多样，有卵生、卵胎生、胎生，使得后代存活率大大提高。

● **口器**：咀嚼式口器。

● **发育方式**：渐变态，有卵、若虫、成虫3个阶段。

● **分布**：全世界已知的种类有近5 000种，我国记录的有420余种。

● **常见种类**：黑胸大蠊、美洲大蠊、澳洲大蠊、德国小蠊、中华真地鳖等。

△ **蜚蠊科｜美洲大蠊**
Periplaneta americana
印度尼西亚

△ **蜚蠊科｜黑褐硬蠊 指名亚种**
Panesthia angustipennis angustipennis
印度尼西亚

5.4 革翅目

● **概况**：革翅目昆虫以前翅革质而得名，俗称“蠼螋”，其显著特征是尾呈铗状，遇危险时，常竖起尾铗，恐吓敌人。

● **习性**：革翅目昆虫常栖于阴暗、潮湿处，比如垃圾堆、朽木及家养植物的花盆中。食性杂，有的是害虫，危害花卉、储存的粮食、储藏的果品等；有的营寄生生活；还有的是益虫，可捕食农作物害虫。雌性具有护卵、育幼的习性。

● **口器**：咀嚼式口器。

● **发育方式**：渐变态。

● **分布**：全世界已知的种类有2 000余种，我国记录的有310余种。

● **常见种类**：蠼螋、黄扁螋、肥螋等。

◁ **蠼螋**
Dermaptera sp.
印度尼西亚

◁ **蠼螋**
Dermaptera sp.
雄 印度尼西亚

5.5 广翅目

● **概况**：广翅目因一些种类具有大翅而得名，是全变态昆虫中最原始的一个目，有昆虫纲中的“活化石”之称，现生种类均较为珍稀，包括泥蛉、齿蛉、鱼蛉等。幼虫对生境的水质变化比较敏感，喜生活于清洁且富含溶解氧的水中，可作为指示生物用于水质监测和生态环境的评估。幼虫还可作为鱼类的饵料，有些种类具有一定的药用价值。

● **习性**：成虫陆生，多见于山区溪流附近，具有较强的趋光性。幼虫水生，生活于溪流、湖泊中，捕食小型的水生昆虫。

● **口器**：咀嚼式口器。

● **发育方式**：完全变态，经历卵、幼虫、蛹、成虫4个阶段，广翅目昆虫大多数种类1年1代，少数2—3年1代。

● **分布**：全世界已知的种类有390余种，我国记录的种类有120余种。

● **常见种类**：东方巨齿蛉、湖北星齿蛉、碎斑鱼蛉等。

△ **齿蛉科｜斑翅黑齿蛉**
Neurhermes maculipennis
印度尼西亚

5.6 鳞翅目

● **概况**：鳞翅目昆虫是昆虫纲中仅次于鞘翅目的第2大类，分布范围极广，以热带种类最为丰富。绝大多数种类的幼虫危害显花植物，是农林生产上的重要害虫。许多成虫能帮助植物传粉。家蚕、柞蚕等是著名的产丝昆虫。蝴蝶和蛾子美丽的外表极具观赏价值，因此二者是重要的观赏昆虫。

● **习性**：蝶类和蛾类同属鳞翅目，但蛾类昆虫的数量要远远多于蝶类昆虫的数量，约是蝶类的9倍。蛾类成虫多在傍晚或夜间活动，为夜出性昆虫，相应翅面的颜色较为灰暗；蝶类成虫多在白天活动，为昼出性昆虫，相应翅面的颜色较为明亮、多彩。很多种类的蝴蝶和蛾子具有迁飞性，如稻纵卷叶螟、黑脉金斑蝶（帝王蝶）等，其中黑脉金斑蝶的迁徙是动物界令人惊叹的现象之一，整个迁徙过程，距离长达数千千米，需要数代蝴蝶共同努力才能完成。

● **口器**：成虫为虹吸式口器，幼虫为咀嚼式口器。

● **发育方式**：完全变态，完成一个生活史短则需要1—2个月，长则需要数年。

● **分布**：全世界已知的种类有16万余种，我国记录的有8 000余种。

● **常见种类**：谷蛾、蓑蛾、尺蛾、舟蛾、凤蝶、绢蝶、粉蝶、灰蝶等。

△ **斑蝶科 | 异型紫斑蝶 女皇亚种 雄 正**
Euploea mulciber basilissa
印度尼西亚

△ **斑蝶科 | 异型紫斑蝶 女皇亚种 雄 反**
Euploea mulciber basilissa
印度尼西亚

△ **斑蝶科 | 异型紫斑蝶 女皇亚种 雌 正**
Euploea mulciber basilissa
印度尼西亚

△ **斑蝶科 | 异型紫斑蝶 女皇亚种 雌 反**
Euploea mulciber basilissa
印度尼西亚

△ **斑蝶科｜纯帛斑蝶 库氏亚种 雄 正**
Idea blanchardi kuhni
印度尼西亚

△ **斑蝶科｜纯帛斑蝶 库氏亚种 雄 反**
Idea blanchardi kuhni
印度尼西亚

△ **斑蝶科｜纯帛斑蝶 库氏亚种 雌 正**
Idea blanchardi kuhni
印度尼西亚

△ **斑蝶科｜纯帛斑蝶 库氏亚种 雌 反**
Idea blanchardi kuhni
印度尼西亚

△ **粉蝶科｜白翅尖粉蝶 雌 正**
Appias albina
印度尼西亚

△ **粉蝶科｜白翅尖粉蝶 雌 反**
Appias albina
印度尼西亚

△ **粉蝶科｜蝌蚪斑粉蝶 指名亚种 雄 正**
Delias albertisi albertisi
印度尼西亚

△ **粉蝶科｜蝌蚪斑粉蝶 指名亚种 雄 反**
Delias albertisi albertisi
印度尼西亚

△ **粉蝶科｜蝌蚪斑粉蝶 指名亚种 雌 正**
Delias albertisi albertisi
印度尼西亚

△ **粉蝶科｜蝌蚪斑粉蝶 指名亚种 雌 反**
Delias albertisi albertisi
印度尼西亚

△ **粉蝶科｜橙色斑粉蝶 指名亚种 雄 正**
Delias aurantiaca aurantiaca
印度尼西亚

△ **粉蝶科｜橙色斑粉蝶 指名亚种 雄 反**
Delias aurantiaca aurantiaca
印度尼西亚

△ **粉蝶科｜橙色斑粉蝶 指名亚种 雌 正**
Delias aurantiaca aurantiaca
印度尼西亚

△ **粉蝶科｜橙色斑粉蝶 指名亚种 雌 反**
Delias aurantiaca aurantiaca
印度尼西亚

△ **粉蝶科｜优越斑粉蝶 指名亚种 雌 正**
Delias hyparete hyparete
印度尼西亚

△ **粉蝶科｜优越斑粉蝶 指名亚种 雌 反**
Delias hyparete hyparete
印度尼西亚

△ **粉蝶科｜帝汶岛斑粉蝶 雄 正**
Delias splendida
印度尼西亚

△ **粉蝶科｜帝汶岛斑粉蝶 雄 反**
Delias splendida
印度尼西亚

△ **粉蝶科｜鹤顶粉蝶 雄 正**
Hebomoia glaucippe aturia
马来西亚

△ **粉蝶科｜鹤顶粉蝶 雄 反**
Hebomoia glaucippe aturia
马来西亚

△ **粉蝶科｜鹤顶粉蝶 雌 正**
Hebomoia glaucippe aturia
马来西亚

△ **粉蝶科｜鹤顶粉蝶 雌 反**
Hebomoia glaucippe aturia
马来西亚

△ **粉蝶科｜红翅鹤顶粉蝶 雄 正**
Hebomoia leucippe daemonis
印度尼西亚

△ **粉蝶科｜红翅鹤顶粉蝶 雄 反**
Hebomoia leucippe daemonis
印度尼西亚

△ **粉蝶科｜草青粉蝶 指名亚种 雄 正**
Valeria tritaea tritaea
印度尼西亚

△ **粉蝶科｜草青粉蝶 指名亚种 雄 反**
Valeria tritaea tritaea
印度尼西亚

△ **粉蝶科｜草青粉蝶 指名亚种 雌 正**
Valeria tritaea tritaea
印度尼西亚

△ **粉蝶科｜草青粉蝶 指名亚种 雌 反**
Valeria tritaea tritaea
印度尼西亚

△ **凤蝶科｜奥比鸟翼凤蝶 雄 正**
Ornithoptera aesacus
印度尼西亚

△ **凤蝶科｜奥比鸟翼凤蝶 雄 反**
Ornithoptera aesacus
印度尼西亚

△ **凤蝶科｜奥比鸟翼凤蝶 雌 正**
Ornithoptera aesacus
印度尼西亚

△ **凤蝶科｜奥比鸟翼凤蝶 雌 反**
Ornithoptera aesacus
印度尼西亚

△ **凤蝶科｜红鸟翼凤蝶 哈马黑拉岛亚种 雄 正**
Ornithoptera croesus lydius
印度尼西亚

△ **凤蝶科｜红鸟翼凤蝶 哈马黑拉岛亚种 雄 反**
Ornithoptera croesus lydius
印度尼西亚

△ **凤蝶科｜红鸟翼凤蝶 哈马黑拉岛亚种 雌 正**

Ornithoptera croesus lydius

印度尼西亚

△ **凤蝶科｜红鸟翼凤蝶 哈马黑拉岛亚种 雌 反**

Ornithoptera croesus lydius

印度尼西亚

△ **凤蝶科｜红鸟翼凤蝶哈马黑拉岛亚种与绿鸟翼凤蝶波塞冬亚种的杂交种 雄 正**

*Ornithoptera croesus lydius * Ornithoptera priamus poseidon*

印度尼西亚

△ **凤蝶科｜红鸟翼凤蝶哈马黑拉岛亚种与绿鸟翼凤蝶波塞冬亚种的杂交种 雄 反**

*Ornithoptera croesus lydius * Ornithoptera priamus poseidon*

印度尼西亚

△ **凤蝶科｜歌利亚鸟翼蝶 马鲁古亚种 雄 正**

Ornithoptera goliath procus

印度尼西亚

△ **凤蝶科｜歌利亚鸟翼蝶 马鲁古亚种 雄 反**

Ornithoptera goliath procus

印度尼西亚

△ 凤蝶科 | 歌利亚鸟翼蝶 马鲁古亚种 雌 正
Ornithoptera goliath procus
印度尼西亚

△ 凤蝶科 | 歌利亚鸟翼蝶 马鲁古亚种 雌 反
Ornithoptera goliath procus
印度尼西亚

△ 凤蝶科 | 歌利亚鸟翼蝶 大力士亚种 雄 正
Ornithoptera goliath samson
印度尼西亚

△ 凤蝶科 | 歌利亚鸟翼蝶 大力士亚种 雄 反
Ornithoptera goliath samson
印度尼西亚

△ 凤蝶科 | 歌利亚鸟翼蝶 大力士亚种 雌 正
Ornithoptera goliath samson
印度尼西亚

△ 凤蝶科 | 歌利亚鸟翼蝶 大力士亚种 雌 反
Ornithoptera goliath samson
印度尼西亚

△ **凤蝶科 | 天堂鸟翼凤蝶 印度尼西亚亚种 雄 正**
Ornithoptera meridionalis tarunggarensis
印度尼西亚

△ **凤蝶科 | 天堂鸟翼凤蝶 印度尼西亚亚种 雄 反**
Ornithoptera meridionalis tarunggarensis
印度尼西亚

△ **凤蝶科 | 天堂鸟翼凤蝶 印度尼西亚亚种 雌 正**
Ornithoptera meridionalis tarunggarensis
印度尼西亚

△ **凤蝶科 | 天堂鸟翼凤蝶 印度尼西亚亚种 雌反**
Ornithoptera meridionalis tarunggarensis
印度尼西亚

△ **凤蝶科 | 丝尾鸟翼凤蝶 万达门亚种 雄 正**
Ornithoptera paradisea chrysanthemum
印度尼西亚

△ **凤蝶科 | 丝尾鸟翼凤蝶 万达门亚种 雄 反**
Ornithoptera paradisea chrysanthemum
印度尼西亚

△ 凤蝶科 | 丝尾鸟翼凤蝶 万达门亚种 雌 正
Ornithoptera paradisea chrysanthemum
印度尼西亚

△ 凤蝶科 | 丝尾鸟翼凤蝶 万达门亚种 雌 反
Ornithoptera paradisea chrysanthemum
印度尼西亚

△ 凤蝶科 | 绿鸟翼凤蝶 阿鲁岛亚种 雄 正
Ornithoptera priamus arruana
印度尼西亚

△ 凤蝶科 | 绿鸟翼凤蝶 阿鲁岛亚种 雄 反
Ornithoptera priamus arruana
印度尼西亚

△ 凤蝶科 | 绿鸟翼凤蝶 阿鲁岛亚种 雌 正
Ornithoptera priamus arruana
印度尼西亚

△ 凤蝶科 | 绿鸟翼凤蝶 阿鲁岛亚种 雌 反
Ornithoptera priamus arruana
印度尼西亚

△ 凤蝶科 | 绿鸟翼凤蝶 指名亚种 雄 正
Ornithoptera priamus priamus
印度尼西亚

△ 凤蝶科 | 绿鸟翼凤蝶 指名亚种 雄 反
Ornithoptera priamus priamus
印度尼西亚

△ 凤蝶科 | 绿鸟翼凤蝶 指名亚种 雌 正
Ornithoptera priamus priamus
印度尼西亚

△ 凤蝶科 | 绿鸟翼凤蝶 指名亚种 雌 反
Ornithoptera priamus priamus
印度尼西亚

△ 凤蝶科 | 悌鸟翼凤蝶 提米卡亚种 雄 正
Ornithoptera tithonus makikoae
印度尼西亚

△ 凤蝶科 | 悌鸟翼凤蝶 提米卡亚种 雄 反
Ornithoptera tithonus makikoae
印度尼西亚

△ **凤蝶科｜悌鸟翼凤蝶 提米卡亚种 雌 正**
Ornithoptera tithonus makikoae
印度尼西亚

△ **凤蝶科｜悌鸟翼凤蝶 提米卡亚种 雌 反**
Ornithoptera tithonus makikoae
印度尼西亚

△ **凤蝶科｜黄珠凤蝶 雄 正**
Pachliopta oreon batuataensis
印度尼西亚

△ **凤蝶科｜黄珠凤蝶 雄 反**
Pachliopta oreon batuataensis
印度尼西亚

△ **凤蝶科｜手掌美凤蝶 雄 正**
Papilio ambrax lutosa
印度尼西亚

△ **凤蝶科｜手掌美凤蝶 雄 反**
Papilio ambrax lutosa
印度尼西亚

△ **凤蝶科｜长袖凤蝶 雄 正**
Papilio antimachus
中非共和国

△ **凤蝶科｜长袖凤蝶 雄 反**
Papilio antimachus
中非共和国

△ **凤蝶科｜爱神凤蝶 指名亚种 雄 正**
Papilio blumei blumei
印度尼西亚

△ **凤蝶科｜爱神凤蝶 指名亚种 雄 反**
Papilio blumei blumei
印度尼西亚

△ **凤蝶科｜爱神凤蝶 弗氏亚种 雄 正**
Papilio blumei fruhstorferi
印度尼西亚

△ **凤蝶科｜爱神凤蝶 弗氏亚种 雄 反**
Papilio blumei fruhstorferi
印度尼西亚

△ **凤蝶科 | 锯带翠凤蝶 雄 正**
Papilio delalandei
马达加斯加

△ **凤蝶科 | 锯带翠凤蝶 雄 反**
Papilio delalandei
马达加斯加

△ **凤蝶科 | 金带美凤蝶 指名亚种 雄 正**
Papilio demolion demolion
马来西亚

△ **凤蝶科 | 金带美凤蝶 指名亚种 雄 反**
Papilio demolion demolion
马来西亚

△ **凤蝶科 | 佳美凤蝶 指名亚种 雄 正**
Papilio euchenor euchenor
印度尼西亚

△ **凤蝶科 | 佳美凤蝶 指名亚种 雄 反**
Papilio euchenor euchenor
印度尼西亚

△ 凤蝶科 | 福布斯美凤蝶 雄 正
Papilio forbesi
印度尼西亚

△ 凤蝶科 | 福布斯美凤蝶 雄 反
Papilio forbesi
印度尼西亚

△ 凤蝶科 | 澳洲玉带凤蝶 雄 正
Papilio fuscus pertinax
印度尼西亚

△ 凤蝶科 | 澳洲玉带凤蝶 雄 反
Papilio fuscus pertinax
印度尼西亚

△ 凤蝶科 | 联姻美凤蝶 指名亚种 雄 正
Papilio gambrisius gambrisius
印度尼西亚

△ 凤蝶科 | 联姻美凤蝶 指名亚种 雄 反
Papilio gambrisius gambrisius
印度尼西亚

△ **凤蝶科｜巨美凤蝶 指名亚种 雄 正**
Papilio gigon gigon
印度尼西亚

△ **凤蝶科｜巨美凤蝶 指名亚种 雄 反**
Papilio gigon gigon
印度尼西亚

△ **凤蝶科｜海美凤蝶 指名亚种 雄 正**
Papilio iswara iswara
马来西亚

△ **凤蝶科｜海美凤蝶 指名亚种 雄 反**
Papilio iswara iswara
马来西亚

△ **凤蝶科｜卡尔娜翠凤蝶 指名亚种 雄 正**
Papilio karna karna
印度尼西亚

△ **凤蝶科｜卡尔娜翠凤蝶 指名亚种 雄 反**
Papilio karna karna
印度尼西亚

△ **凤蝶科｜卡尔娜翠凤蝶 指名亚种 雌 正**
Papilio karna karna
印度尼西亚

△ **凤蝶科｜卡尔娜翠凤蝶 指名亚种 雌 反**
Papilio karna karna
印度尼西亚

△ **凤蝶科｜克里翠凤蝶 雄 正**
Papilio krishna charlesi
中国

△ **凤蝶科｜克里翠凤蝶 雄 反**
Papilio krishna charlesi
中国

△ **凤蝶科｜珞翠凤蝶 指名亚种 雄 正**
Papilio lormieri lormieri
中非共和国

△ **凤蝶科｜珞翠凤蝶 指名亚种 雄 反**
Papilio lormieri lormieri
中非共和国

△ 凤蝶科 | 五斑翠凤蝶 雄 正
Papilio lorquinianus albertisi
印度尼西亚

△ 凤蝶科 | 五斑翠凤蝶 雄 反
Papilio lorquinianus albertisi
印度尼西亚

△ 凤蝶科 | 南亚碧凤蝶 雌 正
Papilio lowi zephyria
菲律宾

△ 凤蝶科 | 南亚碧凤蝶 雌 反
Papilio lowi zephyria
菲律宾

△ 凤蝶科 | 南美芷凤蝶 雄 正
Papilio lycophron phanias
秘鲁

△ 凤蝶科 | 南美芷凤蝶 雄 反
Papilio lycophron phanias
秘鲁

△ **凤蝶科 | 美凤蝶 雌 正**
Papilio memnon eos
印度尼西亚

△ **凤蝶科 | 美凤蝶 雌 反**
Papilio memnon eos
印度尼西亚

△ **凤蝶科 | 巴黎翠凤蝶 出谷氏亚种 雄 正**
Papilio paris detanii
印度尼西亚

△ **凤蝶科 | 巴黎翠凤蝶 出谷氏亚种 雄 反**
Papilio paris detanii
印度尼西亚

△ **凤蝶科 | 巴黎翠凤蝶 格德亚种 雄 正**
Papilio paris gedeensis
印度尼西亚

△ **凤蝶科 | 巴黎翠凤蝶 格德亚种 雄 反**
Papilio paris gedeensis
印度尼西亚

△ 凤蝶科 | 巴黎翠凤蝶 指名亚种 雄 正
Papilio paris paris
泰国

△ 凤蝶科 | 巴黎翠凤蝶 指名亚种 雄 反
Papilio paris paris
泰国

△ 凤蝶科 | 翡翠凤蝶 粗尾亚种 雄 正
Papilio peranthus insulicola
印度尼西亚

△ 凤蝶科 | 翡翠凤蝶 粗尾亚种 雄 反
Papilio peranthus insulicola
印度尼西亚

△ 凤蝶科 | 波绿翠凤蝶 雄 正
Papilio polyctor stockleyi
泰国

△ 凤蝶科 | 波绿翠凤蝶 雄 反
Papilio polyctor stockleyi
泰国

△ **凤蝶科｜无尾白纹凤蝶 雄 正**
Papilio polytes ledebouria
菲律宾

△ **凤蝶科｜无尾白纹凤蝶 雄 反**
Papilio polytes ledebouria
菲律宾

△ **凤蝶科｜玉带凤蝶 雌 正**
Papilio polytes romulus
泰国

△ **凤蝶科｜玉带凤蝶 雌 反**
Papilio polytes romulus
泰国

△ **凤蝶科｜草芷凤蝶 秘鲁亚种 雄 正**
Papilio thoas cinyras
秘鲁

△ **凤蝶科｜草芷凤蝶 秘鲁亚种 雄 反**
Papilio thoas cinyras
秘鲁

△ **凤蝶科｜天堂凤蝶 指名亚种 雄 正**
Papilio ulysses ulysses
印度尼西亚

△ **凤蝶科｜天堂凤蝶 指名亚种 雄 反**
Papilio ulysses ulysses
印度尼西亚

△ **凤蝶科｜沃豹凤蝶 雄 正**
Papilio warscewiczi jelskii
秘鲁

△ **凤蝶科｜沃豹凤蝶 雄 反**
Papilio warscewiczi jelskii
秘鲁

△ **凤蝶科｜豹凤蝶 雄 正**
Papilio zagreus
秘鲁

△ **凤蝶科｜豹凤蝶 雄 反**
Papilio zagreus
秘鲁

△ 凤蝶科 | 波浪德凤蝶 雄 正
Papilio zalmoxis
中非共和国

△ 凤蝶科 | 波浪德凤蝶 雄 反
Papilio zalmoxis
中非共和国

△ 凤蝶科 | 克里翠凤蝶 雄 正
Papilio krishna charlesi
中国

△ 凤蝶科 | 克里翠凤蝶 雄 反
Papilio krishna charlesi
中国

△ 凤蝶科 | 安蒂噬药凤蝶 雌 正
Pharmacophagus antenor
马达加斯加

△ 凤蝶科 | 安蒂噬药凤蝶 雌 反
Pharmacophagus antenor
马达加斯加

△ **凤蝶科｜翠叶红颈凤蝶 印度尼西亚亚种 雄 正**
Trogonoptera brookiana trogon
印度尼西亚

△ **凤蝶科｜翠叶红颈凤蝶 印度尼西亚亚种 雄 反**
Trogonoptera brookiana trogon
印度尼西亚

△ **凤蝶科｜翠叶红颈凤蝶 印度尼西亚亚种 雌 正**
Trogonoptera brookiana trogon
印度尼西亚

△ **凤蝶科｜翠叶红颈凤蝶 印度尼西亚亚种 雌 反**
Trogonoptera brookiana trogon
印度尼西亚

△ **凤蝶科｜珂裳凤蝶 指名亚种 雄 正**
Troides criton criton
印度尼西亚

△ **凤蝶科｜珂裳凤蝶 指名亚种 雄 反**
Troides criton criton
印度尼西亚

△ **凤蝶科｜珂裳凤蝶 指名亚种 雌 正**
Troides criton criton
印度尼西亚

△ **凤蝶科｜珂裳凤蝶 指名亚种 雌 反**
Troides criton criton
印度尼西亚

△ **凤蝶科｜楔纹裳凤蝶 指名亚种 雄 正**
Troides cuneifera cuneifera
印度尼西亚

△ **凤蝶科｜楔纹裳凤蝶 指名亚种 雄 反**
Troides cuneifera cuneifera
印度尼西亚

△ **凤蝶科｜楔纹裳凤蝶 指名亚种 雌 正**
Troides cuneifera cuneifera
印度尼西亚

△ **凤蝶科｜楔纹裳凤蝶 指名亚种 雌 反**
Troides cuneifera cuneifera
印度尼西亚

△ 凤蝶科 | 小斑裳凤蝶 巴土阿他亚种 雄 正
Troides haliphron purahu
印度尼西亚

△ 凤蝶科 | 小斑裳凤蝶 巴土阿他亚种 雄 反
Troides haliphron purahu
印度尼西亚

△ 凤蝶科 | 小斑裳凤蝶 巴土阿他亚种 雌 正
Troides haliphron purahu
印度尼西亚

△ 凤蝶科 | 小斑裳凤蝶 巴土阿他亚种 雌 反
Troides haliphron purahu
印度尼西亚

△ 凤蝶科 | 裳凤蝶指名亚种与绿鸟翼凤蝶波塞冬亚种的杂交种 雄 正
*Troides helena helena * Ornithoptera priamus poseidon*
印度尼西亚

△ 凤蝶科 | 裳凤蝶指名亚种与绿鸟翼凤蝶波塞冬亚种的杂交种 雄 反
*Troides helena helena * Ornithoptera priamus poseidon*
印度尼西亚

△ **凤蝶科 | 裳凤蝶 比农科岛亚种 雄 正**

Troides helena neoris

印度尼西亚

△ **凤蝶科 | 裳凤蝶 比农科岛亚种 雄 反**

Troides helena neoris

印度尼西亚

△ **凤蝶科 | 裳凤蝶 比农科岛亚种 雌 正**

Troides helena neoris

印度尼西亚

△ **凤蝶科 | 裳凤蝶 比农科岛亚种 雌 反**

Troides helena neoris

印度尼西亚

△ **凤蝶科 | 海滨裳凤蝶 胞室亚种 雄 正**

Troides hypolitus cellularis

印度尼西亚

△ **凤蝶科 | 海滨裳凤蝶 胞室亚种 雄 反**

Troides hypolitus cellularis

印度尼西亚

△ **凤蝶科 | 海滨裳凤蝶 胞室亚种 雌 正**
Troides hypolitus cellularis
印度尼西亚

△ **凤蝶科 | 海滨裳凤蝶 胞室亚种 雌 反**
Troides hypolitus cellularis
印度尼西亚

△ **凤蝶科 | 裳凤蝶指名亚种与珂裳凤蝶指名亚种的杂交种 雄 正**
*Troides helena helena * Troides criton criton*
印度尼西亚

△ **凤蝶科 | 裳凤蝶指名亚种与珂裳凤蝶指名亚种的杂交种 雄 反**
*Troides helena helena * Troides criton criton*
印度尼西亚

△ **凤蝶科 | 裳凤蝶指名亚种与珂裳凤蝶指名亚种的杂交种 雌 正**
*Troides helena helena * Troides criton criton*
印度尼西亚

△ **凤蝶科 | 裳凤蝶指名亚种与珂裳凤蝶指名亚种的杂交种 雌 反**
*Troides helena helena * Troides criton criton*
印度尼西亚

▷ **环蝶科 | 交脉环蝶 雄 正**
Amathuxidia amythaon dilucida
马来西亚

▷ **环蝶科 | 交脉环蝶 雄 反**
Amathuxidia amythaon dilucida
马来西亚

△ 环蝶科 | 黑猫头鹰环蝶 指名亚种 雄 正
Caligo atreus atreus
哥伦比亚

△ 环蝶科 | 黑猫头鹰环蝶 指名亚种 雄 反
Caligo atreus atreus
哥伦比亚

△ 环蝶科 | 黑猫头鹰环蝶 指名亚种 雌 正
Caligo atreus atreus
哥伦比亚

△ 环蝶科 | 黑猫头鹰环蝶 指名亚种 雌 反
Caligo atreus atreus
哥伦比亚

△ **环蝶科｜斜白斑环蝶 指名亚种 雄 正**
Thaumantis odana odana
印度尼西亚

△ **环蝶科｜斜白斑环蝶 指名亚种 雄 反**
Thaumantis odana odana
印度尼西亚

△ **环蝶科｜蓝带尖翅环蝶 指名亚种 雄 正**
Zeuxidia amethystus amethystus
马来西亚

△ **环蝶科｜蓝带尖翅环蝶 指名亚种 雄 反**
Zeuxidia amethystus amethystus
马来西亚

△ **环蝶科｜金丽尖翅环蝶 指名亚种 雄 正**
Zeuxidia aurelius aurelius
马来西亚

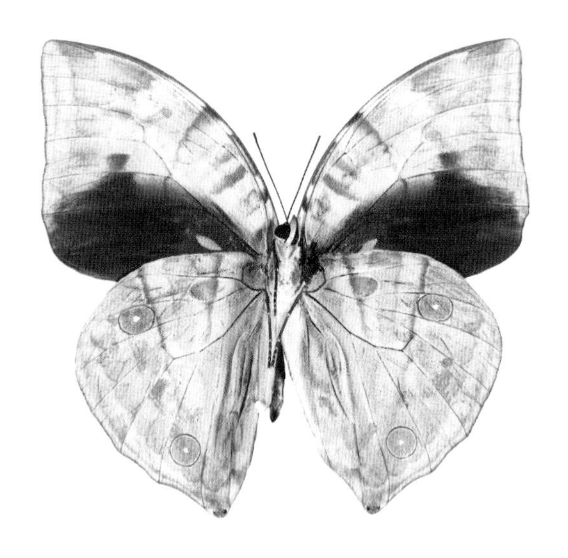

△ **环蝶科｜金丽尖翅环蝶 指名亚种 雄 反**
Zeuxidia aurelius aurelius
马来西亚

△ **环蝶科｜金丽尖翅环蝶 指名亚种 雌 正**
Zeuxidia aurelius aurelius
马来西亚

△ **环蝶科｜金丽尖翅环蝶 指名亚种 雌 反**
Zeuxidia aurelius aurelius
马来西亚

△ **灰蝶科｜安娆灰蝶 雄 正**
Arhopala anarte
印度尼西亚

△ **灰蝶科｜安娆灰蝶 雄 反**
Arhopala anarte
印度尼西亚

△ **灰蝶科｜犀利双尾灰蝶 雄 正**
Tajuria cyrillus
印度尼西亚

△ **灰蝶科｜犀利双尾灰蝶 雄 反**
Tajuria cyrillus
印度尼西亚

△ 蛱蝶科｜梳纹悌蛱蝶 雄 正
Adelpha lara
秘鲁

△ 蛱蝶科｜梳纹悌蛱蝶 雄 反
Adelpha lara
秘鲁

△ 蛱蝶科｜猫脸蛱蝶 指名亚种 雄 正
Agatasa calydonia calydonia
马来西亚

△ 蛱蝶科｜猫脸蛱蝶 指名亚种 雄 反
Agatasa calydonia calydonia
马来西亚

△ 蛱蝶科｜幸福彩沃蛱蝶 指名亚种 雄 正
Agrias beata beata
秘鲁

△ 蛱蝶科｜幸福彩沃蛱蝶 指名亚种 雄 反
Agrias beata beata
秘鲁

△ **蛱蝶科｜幸福彩沃蛱蝶 指名亚种 雌 正**
Agrias beata beata
秘鲁

△ **蛱蝶科｜幸福彩沃蛱蝶 指名亚种 雌 反**
Agrias beata beata
秘鲁

△ **蛱蝶科｜玫瑰彩沃蛱蝶 雄 正**
Agrias claudina lugens
秘鲁

△ **蛱蝶科｜玫瑰彩沃蛱蝶 雄 反**
Agrias claudina lugens
秘鲁

△ **蛱蝶科｜四季螯蛱蝶 指名亚种 雄 正**
Charaxes etesipe etesipe
中非共和国

△ **蛱蝶科｜四季螯蛱蝶 指名亚种 雄 反**
Charaxes etesipe etesipe
中非共和国

△ 蛱蝶科 | 翠无螯蛱蝶 指名亚种 雄 正
Charaxes eupale eupale
中非共和国

△ 蛱蝶科 | 翠无螯蛱蝶 指名亚种 雄 反
Charaxes eupale eupale
中非共和国

△ 蛱蝶科 | 海玛螯蛱蝶 雄 正
Charaxes harmodius martinus
马来西亚

△ 蛱蝶科 | 海玛螯蛱蝶 雄 反
Charaxes harmodius martinus
马来西亚

△ 蛱蝶科 | 暗绿残螯蛱蝶 指名亚种 杂交种 雄 正
Charaxes nitebis nitebis
印度尼西亚

△ 蛱蝶科 | 暗绿残螯蛱蝶 指名亚种 杂交种 雄 反
Charaxes nitebis nitebis
印度尼西亚

△ **蛱蝶科｜素裙螯蛱蝶 指名亚种 雄 正**
Charaxes orilus orilus
印度尼西亚

△ **蛱蝶科｜素裙螯蛱蝶 指名亚种 雄 反**
Charaxes orilus orilus
印度尼西亚

△ **蛱蝶科｜绿宝石螯蛱蝶 雄 正**
Charaxes smaragdalis
中非共和国

△ **蛱蝶科｜绿宝石螯蛱蝶 雄 反**
Charaxes smaragdalis
中非共和国

△ **蛱蝶科｜淡绿无螯蛱蝶 雄 正**
Charaxes subornatus
中非共和国

△ **蛱蝶科｜淡绿无螯蛱蝶 雄 正**
Charaxes subornatus
中非共和国

△ **蛱蝶科｜褐条漪蛱蝶 雄 正**
Cymothoe egesta confusa
中非共和国

△ **蛱蝶科｜褐条漪蛱蝶 雄 反**
Cymothoe egesta confusa
中非共和国

△ **蛱蝶科｜卓越漪蛱蝶 雌 正**
Cymothoe excelsa
中非共和国

△ **蛱蝶科｜卓越漪蛱蝶 雌 反**
Cymothoe excelsa
中非共和国

△ **蛱蝶科｜黄亮漪蛱蝶 雄 正**
Cymothoe lurida
中非共和国

△ **蛱蝶科｜黄亮漪蛱蝶 雄 反**
Cymothoe lurida
中非共和国

△ **蛱蝶科｜凝电蛱蝶 指名亚种 雄 正**
Dichorragia ninus ninus
印度尼西亚

△ **蛱蝶科｜凝电蛱蝶 指名亚种 雄 反**
Dichorragia ninus ninus
印度尼西亚

△ **蛱蝶科｜蓝带荣蛱蝶 雄 正**
Doxocopa cherubina
秘鲁

△ **蛱蝶科｜蓝带荣蛱蝶 雄 反**
Doxocopa cherubina
秘鲁

△ **蛱蝶科｜臀尖翠蛱蝶 雌 正**
Euthalia adonia
马来西亚

△ **蛱蝶科｜臀尖翠蛱蝶 雌 反**
Euthalia adonia
马来西亚

△ **蛱蝶科｜阿满翠蛱蝶 指名亚种 雄 正**
Euthalia amanda amanda
印度尼西亚

△ **蛱蝶科｜阿满翠蛱蝶 指名亚种 雄 反**
Euthalia amanda amanda
印度尼西亚

△ **蛱蝶科｜阿满翠蛱蝶 指名亚种 雌 正**
Euthalia amanda amanda
印度尼西亚

△ **蛱蝶科｜阿满翠蛱蝶 指名亚种 雌 反**
Euthalia amanda amanda
印度尼西亚

△ **蛱蝶科｜圆蛱蝶 雄 正**
Euxanthe crossleyi
中非共和国

△ **蛱蝶科｜圆蛱蝶 雄 反**
Euxanthe crossleyi
中非共和国

△ **蛱蝶科｜红扶蛱蝶 雄 正**
Fountainea ryphea
秘鲁

△ **蛱蝶科｜红扶蛱蝶 雄 反**
Fountainea ryphea
秘鲁

△ **蛱蝶科｜斑蛱蝶 指名亚种 雄 正**
Hypolimnas pandarus pandarus
印度尼西亚

△ **蛱蝶科｜斑蛱蝶 指名亚种 雄 反**
Hypolimnas pandarus pandarus
印度尼西亚

△ **蛱蝶科｜斑蛱蝶 指名亚种 雌 正**
Hypolimnas pandarus pandarus
印度尼西亚

△ **蛱蝶科｜斑蛱蝶 指名亚种 雌 反**
Hypolimnas pandarus pandarus
印度尼西亚

△ **蛱蝶科｜蓝球眼蛱蝶 雄 正**
Junonia clelia
秘鲁

△ **蛱蝶科｜蓝球眼蛱蝶 雄 反**
Junonia clelia
秘鲁

△ **蛱蝶科｜和谐凤蛱蝶 雄 正**
Marpesia harmonia
秘鲁

△ **蛱蝶科｜和谐凤蛱蝶 雄 反**
Marpesia harmonia
秘鲁

△ **蛱蝶科｜紫草蛱蝶 雄 正**
Palla violinitens
中非共和国

△ **蛱蝶科｜紫草蛱蝶 雄 反**
Palla violinitens
中非共和国

△ **蛱蝶科｜熄炬蛱蝶 雄 正**
Panacea procilla
秘鲁

△ **蛱蝶科｜熄炬蛱蝶 雄 反**
Panacea procilla
秘鲁

△ **蛱蝶科｜丽蛱蝶 棕翅亚种 雄 正**
Parthenos sylvia brunnea
印度尼西亚

△ **蛱蝶科｜丽蛱蝶 棕翅亚种 雄 反**
Parthenos sylvia brunnea
印度尼西亚

△ **蛱蝶科｜丽蛱蝶 棕翅亚种 雌 正**
Parthenos sylvia brunnea
印度尼西亚

△ **蛱蝶科｜丽蛱蝶 棕翅亚种 雌 反**
Parthenos sylvia brunnea
印度尼西亚

△ **蛱蝶科｜多蛱蝶 雄 正**
Polygrapha cyanae
秘鲁

△ **蛱蝶科｜多蛱蝶 雄 反**
Polygrapha cyanae
秘鲁

△ **蛱蝶科｜白双尾蛱蝶 指名亚种 雌 正**
Polyura delphis delphis
泰国

△ **蛱蝶科｜白双尾蛱蝶 指名亚种 雌 反**
Polyura delphis delphis
泰国

△ **蛱蝶科｜大二尾蛱蝶 雄 正**
Polyura eudamippus nigrobasalis
泰国

△ **蛱蝶科｜大二尾蛱蝶 雄 反**
Polyura eudamippus nigrobasalis
泰国

△ **蛱蝶科｜水波靴蛱蝶 雄 正**
Prepona dexamenes
秘鲁

△ **蛱蝶科｜水波靴蛱蝶 雄 反**
Prepona dexamenes
秘鲁

△ **蛱蝶科｜红裙伪珍蛱蝶 指名亚种 雌 正**
Pseudacraea clarki clarki
中非共和国

△ **蛱蝶科｜红裙伪珍蛱蝶 指名亚种 雌 反**
Pseudacraea clarki clarki
中非共和国

△ **蛱蝶科｜喜蛱蝶 雄 正**
Siderone marthesia
秘鲁

△ **蛱蝶科｜喜蛱蝶 雄 反**
Siderone marthesia
秘鲁

▷ **蛱蝶科 | 台文蛱蝶 西里伯斯亚种 雄 正**
Vindula dejone celebensis
印度尼西亚

▷ **蛱蝶科 | 台文蛱蝶 西里伯斯亚种 雄 反**
Vindula dejone celebensis
印度尼西亚

△ **绢蝶科｜小红珠绢蝶 山西亚种 雌 正**
Parnassius nomion shansiensis
中国

△ **绢蝶科｜小红珠绢蝶 山西亚种 雌 反**
Parnassius nomion shansiensis
中国

△ **绢蝶科｜小红珠绢蝶 山西亚种 雄 正**
Parnassius nomion shansiensis
中国

△ **绢蝶科｜小红珠绢蝶 山西亚种 雄 反**
Parnassius nomion shansiensis
中国

△ **绢蝶科｜西猴绢蝶 鄂拉亚种 雄 正**
Parnassius simo norikae
中国

△ **绢蝶科｜西猴绢蝶 鄂拉亚种 雄 反**
Parnassius simo norikae
中国

△ **闪蝶科｜绿幽灵闪蝶 雄 正**
Morpho absoloni
秘鲁

△ **闪蝶科｜绿幽灵闪蝶 雄 反**
Morpho absoloni
秘鲁

△ **闪蝶科｜阿东尼斯闪蝶 雄 正**
Morpho adonis
巴西

△ **闪蝶科｜阿东尼斯闪蝶 雄 反**
Morpho adonis
巴西

△ **闪蝶科｜阿东尼斯闪蝶 雌 正**
Morpho adonis
秘鲁

△ **闪蝶科｜阿东尼斯闪蝶 雌 反**
Morpho adonis
秘鲁

△ **闪蝶科 | 美神闪蝶 雄 正**
Morpho anaxibia
巴西

△ **闪蝶科 | 美神闪蝶 雄 反**
Morpho anaxibia
巴西

△ **闪蝶科 | 美神闪蝶 雌 正**
Morpho anaxibia
巴西

△ **闪蝶科 | 美神闪蝶 雌 反**
Morpho anaxibia
巴西

△ **闪蝶科 | 白闪蝶 雄 正**
Morpho catenaria
巴西

△ **闪蝶科 | 白闪蝶 雄 反**
Morpho catenaria
巴西

△ **闪蝶科｜月神闪蝶**（蓝色型）**雄 正**
Morpho cisseis gahua
秘鲁

△ **闪蝶科｜月神闪蝶**（蓝色型）**雄 反**
Morpho cisseis gahua
秘鲁

△ **闪蝶科｜月神闪蝶**（褐色型）**雄 正**
Morpho cisseis gahua
秘鲁

△ **闪蝶科｜月神闪蝶**（褐色型）**雄 反**
Morpho cisseis gahua
秘鲁

△ **闪蝶科｜塞浦路斯闪蝶 指名亚种 雄 正**
Morpho cypris cypris
哥伦比亚

△ **闪蝶科｜塞浦路斯闪蝶 指名亚种 雄 反**
Morpho cypris cypris
哥伦比亚

△ 闪蝶科 | 梦幻闪蝶 雄 正
Morpho deidamia briseis
秘鲁

△ 闪蝶科 | 梦幻闪蝶 雄 反
Morpho deidamia briseis
秘鲁

△ 闪蝶科 | 梦幻闪蝶 雌 正
Morpho deidamia briseis
秘鲁

△ 闪蝶科 | 梦幻闪蝶 雌 反
Morpho deidamia briseis
秘鲁

△ 闪蝶科 | 欢乐女神闪蝶 雄 正
Morpho didius
秘鲁

△ 闪蝶科 | 欢乐女神闪蝶 雄反
Morpho didius
秘鲁

△ 闪蝶科 | 海伦闪蝶 雄 正
Morpho helenor montezuma
危地马拉

△ 闪蝶科 | 海伦闪蝶 雄 反
Morpho helenor montezuma
危地马拉

△ 闪蝶科 | 海伦闪蝶 雌 正
Morpho helenor montezuma
危地马拉

△ 闪蝶科 | 海伦闪蝶 雌 反
Morpho helenor montezuma
危地马拉

△ 闪蝶科 | 海伦闪蝶 紫色亚种 雄 正
Morpho helenor violaceus
巴西

△ 闪蝶科 | 海伦闪蝶 紫色亚种 雄 反
Morpho helenor violaceus
巴西

△ **闪蝶科｜大蓝闪蝶 雄 正**
Morpho menelaus
巴西

△ **闪蝶科｜大蓝闪蝶 雄 反**
Morpho menelaus
巴西

△ **闪蝶科｜黑框蓝闪蝶 指名亚种 雄 正**
Morpho peleides peleides
哥伦比亚

△ **闪蝶科｜黑框蓝闪蝶 指名亚种 雄 反**
Morpho peleides peleides
哥伦比亚

△ **闪蝶科｜黑框蓝闪蝶 指名亚种 雌 正**
Morpho peleides peleides
哥伦比亚

△ **闪蝶科｜黑框蓝闪蝶 指名亚种 雌 反**
Morpho peleides peleides
哥伦比亚

△ **闪蝶科｜门亮闪蝶 雄 正**
Morpho portis thamyris
巴西

△ **闪蝶科｜门亮闪蝶 雄 反**
Morpho portis thamyris
巴西

△ **闪蝶科｜尖翅蓝闪蝶 雄 正**
Morpho rhetenor cacica
秘鲁

△ **闪蝶科｜尖翅蓝闪蝶 雄 反**
Morpho rhetenor cacica
秘鲁

△ **闪蝶科｜尖翅蓝闪蝶 雌 正**
Morpho rhetenor cacica
秘鲁

△ **闪蝶科｜尖翅蓝闪蝶 雌 反**
Morpho rhetenor cacica
秘鲁

△ **闪蝶科｜海伦娜闪蝶 雄 正**
Morpho rhetenor helena
秘鲁

△ **闪蝶科｜海伦娜闪蝶 雄 反**
Morpho rhetenor helena
秘鲁

△ **闪蝶科｜海伦娜闪蝶 雌 正**
Morpho rhetenor helena
秘鲁

△ **闪蝶科｜海伦娜闪蝶 雌 反**
Morpho rhetenor helena
秘鲁

△ **闪蝶科｜黑太阳闪蝶 雄 正**
Morpho telemachus foucheri
秘鲁

△ **闪蝶科｜黑太阳闪蝶 雄 反**
Morpho telemachus foucheri
秘鲁

△ **闪蝶科｜黑太阳闪蝶 雌 正**
Morpho telemachus foucheri
秘鲁

△ **闪蝶科｜黑太阳闪蝶 雌 反**
Morpho telemachus foucheri
秘鲁

△ **闪蝶科｜西风闪蝶 雄 正**
Morpho zephyritis
秘鲁

△ **闪蝶科｜西风闪蝶 雄 反**
Morpho zephyritis
秘鲁

△ **眼蝶科｜黄晶眼蝶 雄 正**
Haetera piera
秘鲁

△ **眼蝶科｜黄晶眼蝶 雄 反**
Haetera piera
秘鲁

△ **斑蛾科｜蓝柄脉锦斑蛾 雌 正**
Eterusia repleta
泰国

△ **斑蛾科｜蓝柄脉锦斑蛾 雌 反**
Eterusia repleta
泰国

△ **斑蛾科｜菲罗梅拉长翅锦斑蛾 指名亚种 雌 正**
Gynautocera philomera philomera
印度尼西亚

△ **斑蛾科｜菲罗梅拉长翅锦斑蛾 指名亚种 雌 反**
Gynautocera philomera philomera
印度尼西亚

△ **大蚕蛾科｜大尾大蚕蛾 雄 正**
Actias maenas
泰国

△ **大蚕蛾科｜大尾大蚕蛾 雄 反**
Actias maenas
泰国

△ **大蚕蛾科｜大尾大蚕蛾 雌 正**
Actias maenas
泰国

△ **大蚕蛾科｜大尾大蚕蛾 雌 反**
Actias maenas
泰国

△ **大蚕蛾科｜马达加斯加月亮蛾 雄 正**
Argema mittrei
马达加斯加

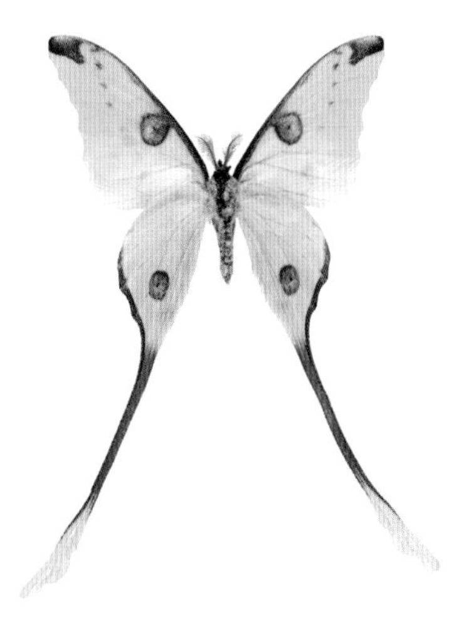

△ **大蚕蛾科｜马达加斯加月亮蛾 雄 反**
Argema mittrei
马达加斯加

△ **大蚕蛾科｜马达加斯加月亮蛾 雌 正**
Argema mittrei
马达加斯加

△ **大蚕蛾科｜马达加斯加月亮蛾 雌 反**
Argema mittrei
马达加斯加

△ **大蚕蛾科｜珍娜柞蚕蛾 雌 正**
Antheraea jana
印度尼西亚

△ **大蚕蛾科｜珍娜柞蚕蛾 雌 反**
Antheraea jana
印度尼西亚

△ **大蚕蛾科｜乌桕大蚕蛾 雌 正**
Attacus atlas
印度尼西亚

△ **大蚕蛾科｜乌桕大蚕蛾 雌 反**
Attacus atlas
印度尼西亚

△ **大蚕蛾科｜冬青大蚕蛾 雄 正**
Attacus edwardsii
泰国

△ **大蚕蛾科｜冬青大蚕蛾 雄 反**
Attacus edwardsii
泰国

△ **大蚕蛾科｜梅氏刺天蚕蛾 雌 正**
Automeris metzili
哥斯达黎加

△ **大蚕蛾科｜梅氏刺天蚕蛾 雌 反**
Automeris metzili
哥斯达黎加

△ **大蚕蛾科｜幽灵蚕蛾 雄 正**
Ceranchia apollina
马达加斯加

△ **大蚕蛾科｜幽灵蚕蛾 雄 反**
Ceranchia apollina
马达加斯加

△ **大蚕蛾科｜小字大蚕蛾 爪哇亚种 雄 正**
Cricula trifenestrata javansis
印度尼西亚

△ **大蚕蛾科｜小字大蚕蛾 爪哇亚种 雄 反**
Cricula trifenestrata javansis
印度尼西亚

△ **大蚕蛾科｜三裂罗蚕蛾 雌 正**
Rotchildia triloba
哥斯达黎加

△ **大蚕蛾科｜三裂罗蚕蛾 雌 反**
Rotchildia triloba
哥斯达黎加

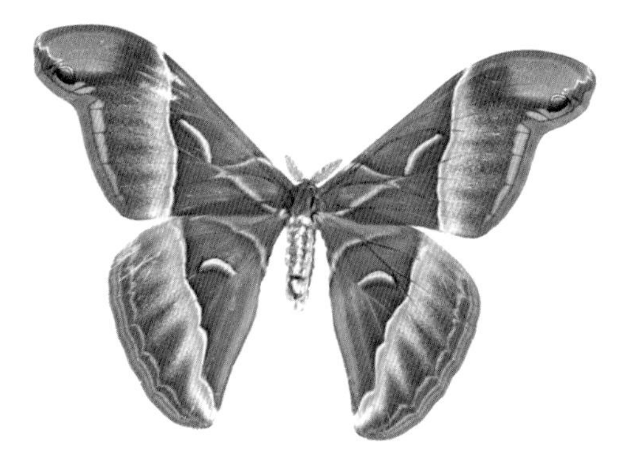

△ **大蚕蛾科｜细带樗蚕蛾 雌 正**
Samia insularis
印度尼西亚

△ **大蚕蛾科｜细带樗蚕蛾 雌 反**
Samia insularis
印度尼西亚

5.7 脉翅目

● **概况**：脉翅目昆虫包括草蛉、蚁蛉、螳蛉等昆虫。成虫和幼虫均具有捕食性，可捕食蚜虫、蚂蚁、叶螨、介壳虫等，如蚁蛉的幼虫称为蚁狮，俗称“土牛”“沙猴”“地牯牛”等，能在沙质土里制造呈漏斗状的陷阱，捕食滑入的蚂蚁等。脉翅目昆虫是农林害虫的重要天敌，对控制害虫种类和数量，保持生态平衡有重要意义，是国内外研究生物防治的热门昆虫种类。近年来在我国不少地方已成功地利用草蛉来防治蚜虫、螨类等。

● **习性**：脉翅目昆虫形态多样，具有较强的模仿能力。有的种类酷似蝴蝶、蛾子或螳螂，分别被称为蝶蛉、蛾蛉、螳蛉。生活中最常见的草蛉产卵于叶片腹面后，从卵的基部会抽出一个富有弹性的丝柄，卵以丝柄附着在叶片上，这样能有效保护卵的正常发育而不受其他昆虫的侵扰。

● **口器**：咀嚼式口器。

● **发育方式**：完全变态，经历卵、幼虫、蛹、成虫4个阶段，一般1年2代。

● **分布**：全世界已知的种类有5 700余种，我国记录的有790余种。

● **常见种类**：中华草蛉、丽草蛉、叶色草蛉、黄花蝶角蛉等。

▷ **螳蛉科 | 螳蛉**
Mantispidae sp.
马来西亚

▷ **蚁蛉科 | 蚁蛉**
Myrmeleontidae sp.
泰国

5.8 膜翅目

● **概况**：膜翅目昆虫以前、后翅均为膜质而得名，包括各种蜂和蚁。膜翅目是昆虫纲中比较大的一个目。比较高等的膜翅目昆虫具有社会性，它们分工明确：蜂王或蚁后主要负责繁殖后代，工蜂或工蚁负责筑巢、清洁、育幼等工作，除此之外还有雄蜂、雄蚁、兵蚁等。膜翅目昆虫在维护生态环境平衡和帮助人类获取食物等方面发挥着重要作用，如蜜蜂是重要的产蜜资源昆虫，其产的蜂蜜和蜂王浆具有较高的营养价值和医疗功效；蜜蜂和熊蜂也是重要的授粉资源昆虫。人们在利用赤眼蜂防治玉米螟、金小蜂防治棉铃虫等方面，都取得了良好的效果。蚂蚁还是一种药用资源昆虫。我国有些地方把蚂蚁和胡蜂成虫、幼虫当作食用昆虫。但胡蜂伤人的事件也时有发生，严重时可造成人死亡。

● **习性**：膜翅目昆虫的生活方式有独居型和群居型两种，食性复杂，有植食性和肉食性。

● **口器**：咀嚼式口器、嚼吸式口器。

● **发育方式**：完全变态，有些种类存在复变态。

● **分布**：全世界已知的种类有14.5万余种，我国记录的有1.25万余种。

● **常见种类**：姬蜂、小蜂、胡蜂、蚂蚁、蜜蜂等。

▷ **茧蜂科｜茧蜂**

Braconidae sp.

雄 印度尼西亚

▷ **胡蜂科｜黑尾胡蜂**

Vespa tropica

印度尼西亚

▷ **蜜蜂科｜扁柄木蜂**
Braconidae sp.
雄 印度尼西亚

◁ **土蜂科｜印尼大黄蜂**
Megascolia procer javanensis
雄 印度尼西亚

▷ **蛛蜂科｜白斑半沟蛛蜂**
Hemipepsis speculifer diselene
雌 印度尼西亚

5.9 蜻蜓目

● **概况**：蜻蜓目昆虫是一类原始的有翅昆虫。按体形和飞行能力，可将其大体分为三类：❶豆娘类，体纤瘦弱，飞行能力差，捕食能力也弱；❷蜻类，虫体中至大型，飞行能力强，捕食能力强；❸蜓类，虫体大型，飞行能力极强，可在山涧、小溪来回穿梭，捕捉猎物。

● **习性**：蜻蜓目的成虫出没于田野中的水池附近，捕食多种农林牧业害虫，是一类重要的天敌昆虫。稚虫生活在水中，称为水虿，其独特之处在于有“面罩”。“面罩”遮住了口器，稚虫可以出其不意地向前伸出口器，以达到捕食的目的；稚虫可取食水中的小动物，如蜉蝣及蚊类的幼虫，大型种类的稚虫还能捕食蝌蚪和小鱼。蜻蜓目的昆虫飞行速度快，成虫可在飞行途中捕捉猎物，雄虫还具有巡视领域的习性，可在栖息地内不停地巡逻。雌雄交配后，雌虫会将卵滴入水中，产生蜻蜓点水的效果。

● **口器**：咀嚼式口器。

● **发育方式**：半变态，一生经历卵、稚虫和成虫3个阶段。

● **分布**：全世界已知的种类有6 000余种，我国记录的有780余种。

● **常见种类**：红蜻、黄蜻、白扇蟌、碧伟蜓等。

▷ **蜓科｜碧翠蜓**
Anaciaeschna jaspidea
印度尼西亚

▷ **蜻科｜青铜丽翅蜻**
Rhyothemis obsolescens
印度尼西亚

▷ **蜻科｜虹蜻**
Zygonyx ida
印度尼西亚

▷ **色蟌科｜华艳色蟌**
Neurobasis chinensis florida
雄 印度尼西亚

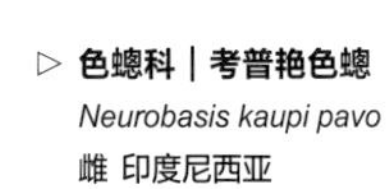

▷ **色蟌科｜考普艳色蟌**
Neurobasis kaupi pavo
雌 印度尼西亚

▷ **色蟌科｜台湾细色蟌**
Vestalis luctuosa
雄 印度尼西亚

▷ **色蟌科｜台湾细色蟌**
Vestalis luctuosa
雌 印度尼西亚

▷ **溪蟌科｜三色溪蟌**
Euphaea tricolor
雄 印度尼西亚

◁ **溪蟌科｜多色溪蟌**
Euphaea variegata
雄 印度尼西亚

◁ **蟌科｜圆形巨豆娘**
Microstigma rotundatum
秘鲁

5.10 双翅目

● **概况**：双翅目昆虫前翅发达，后翅变成平衡棒而不明显，是与人类生活关系最为密切的类群，包括我们所熟知的蝇、蚊、蠓、蚋、虻等。双翅目昆虫不仅有农林业的重要害虫和益虫，而且还有危害人类及其他哺乳动物的种类。

● **习性**：双翅目昆虫的幼虫习性差异很大，一般分为植食性种类、腐食性（粪食性）种类、捕食性种类和寄生性种类。蚊类雄虫的口器细弱，并不适合吸血，而雌蚊一般需要通过吸食动物血液来促进体内卵的成熟。蚊子的幼虫称为孑孓，生活在水中，游泳时身体一屈一伸，可用作鱼饵。

● **口器**：因取食习性不同，双翅目昆虫的口器变化很大，比如蚊类的为刺吸式口器，蝇类的为舐吸式口器，虻类的为刺舐式口器。

● **发育方式**：完全变态。

● **分布**：全世界已知的种类有15万余种，我国记录的有1.56万余种。

● **常见种类**：实蝇、食蚜蝇、伊蚊、食虫虻等。

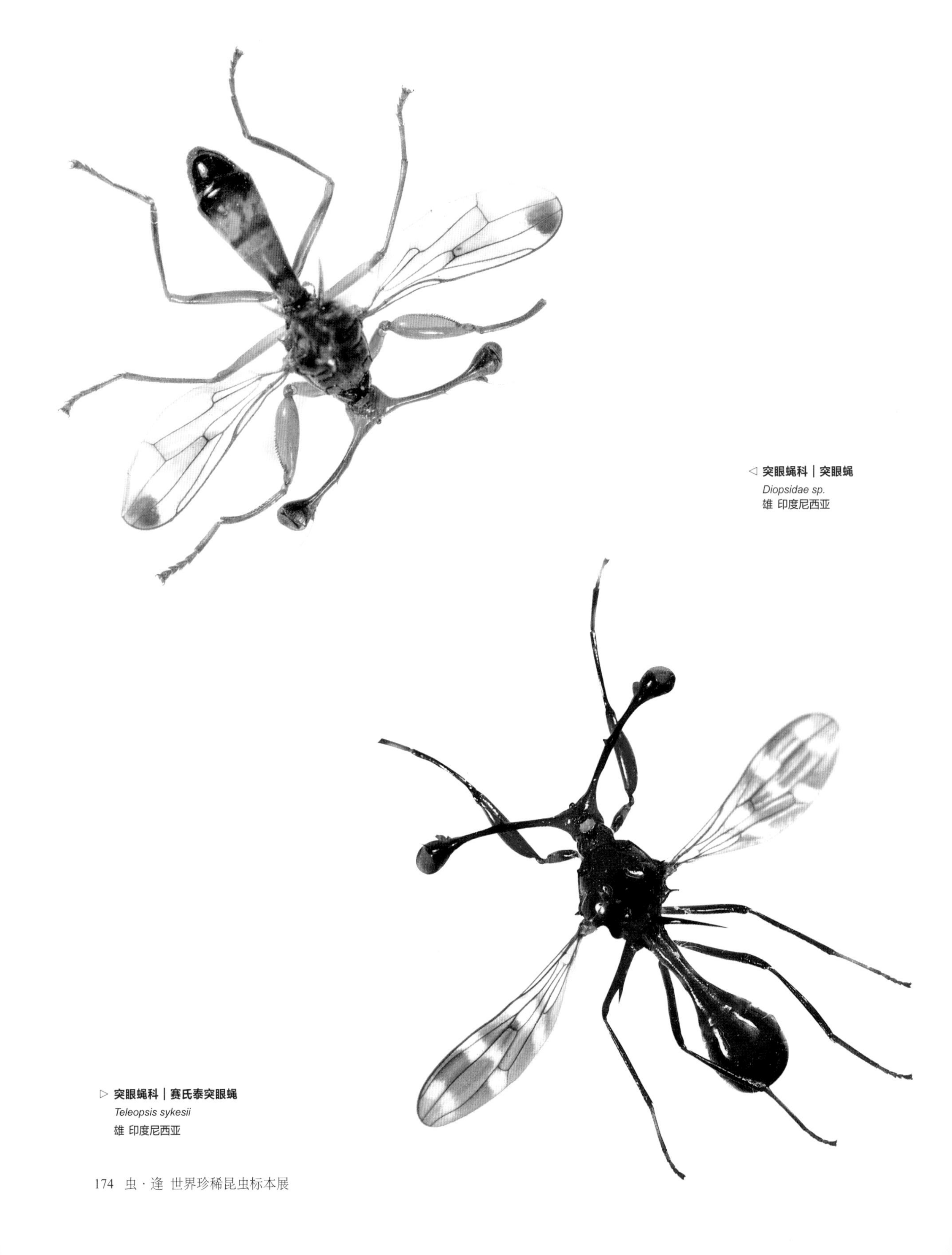

◁ **突眼蝇科｜突眼蝇**
Diopsidae sp.
雄 印度尼西亚

▷ **突眼蝇科｜赛氏泰突眼蝇**
Teleopsis sykesii
雄 印度尼西亚

5.11 螳螂目

● **概况**：螳螂头呈三角形，可大范围转动；复眼发达，使其有更广阔的光视野；前足为捕捉式，形似铡刀，附有成排的刺，利于迅速捕捉并牢牢握紧猎物，防止猎物逃脱。螳螂的卵鞘称为螵蛸，经蒸晒、烘干后可入中药，有抗利尿功效。

螳螂目昆虫是一类具有观赏性的昆虫，同时也是重要的天敌昆虫和药用资源昆虫。

● **习性**：螳螂目昆虫为捕食性昆虫，可捕食蜘蛛和其他昆虫；在一定条件下有自相残杀的习性；在夜间活动，常见于山顶的草丛中。

● **口器**：咀嚼式口器。

● **发育方式**：渐变态，一般1年完成1个世代，有的长达数年才能完成1代。

● **分布**：全世界已知的种类有2 380余种，我国记录的有170余种。

● **常见种类**：广斧螳、中华大刀螳、花螳等。

▷ **螳科 | 眼镜蛇枯叶螳螂**
Deroplatys truncata
雄 马来西亚

◁ 螳科 | 眼镜蛇枯叶螳螂
Deroplatys truncata
雌 马来西亚

◁ 螳科 | 长颈螳螂
Euchomenella heteroptera
雌 印度尼西亚

▷ **螳科｜勇斧螳**（**黄色型**）
Hierodula membranacea
雌 印度尼西亚

▷ **螳科｜冕花螳（兰花螳螂）**
Hymenopus coronatus
雌 印度尼西亚

▷ **螳科｜纤细刀螳**
Tenodera fasciata
印度尼西亚

▷ **金螳科｜华丽金属螳螂**
Metallyticus splendidus
雌 印度尼西亚

▷ **金螳科｜堇色金属螳**
Metallyticus sp.
雌 印度尼西亚

▷ **花螳科 | 丽眼斑螳**
Creobroter gemmata
雌 印度尼西亚

▷ **花螳科 | 华丽弧纹螳**
Theopropus elegans
雌 印度尼西亚

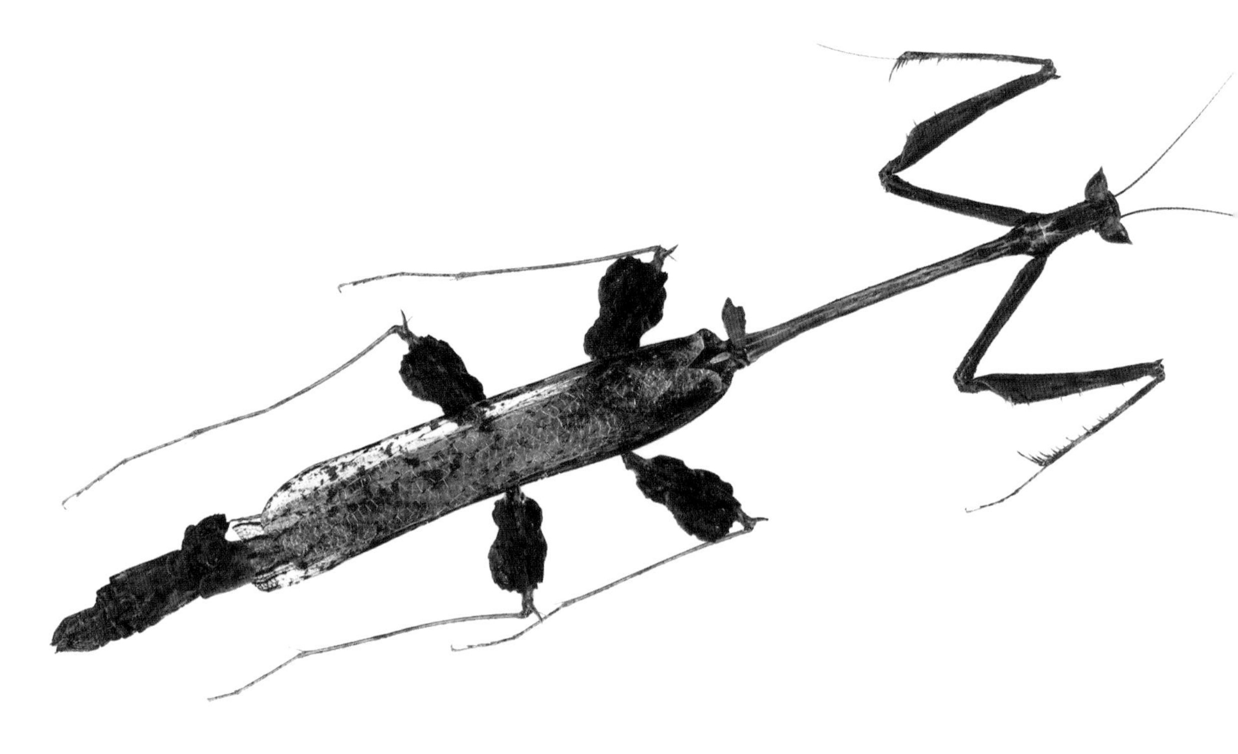

▷ **箭螳科｜箭螳**
Toxodera sp.
雌 马来西亚

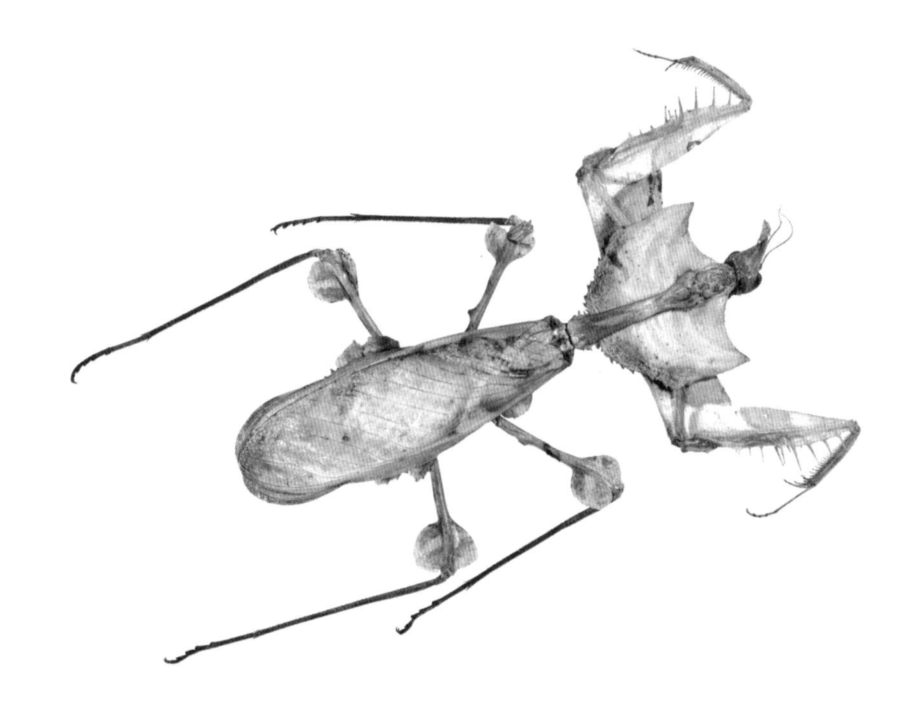

▷ **锥头螳科｜大魔花螳**
Idolomantis diabolica
雌 坦桑尼亚

5.12 䗛目

- **概况**：䗛目又称竹节虫目，该目的昆虫形似竹竿或叶片，有明显的拟态保护特性。䗛目的昆虫多栖息于热带、亚热带等生境复杂的环境中，有翅或无翅，靠完美的拟态可避开大部分天敌，因此其飞行能力大大退化。

- **习性**：成虫不善飞行，多以树叶为食，有的种类可危害经济作物。卵鞘有各种花纹，似植物种子。当雄虫数量较少时，有些雌虫可营孤雌生殖，未受精的卵多发育为雌虫。受到伤害时，若虫的足可以自行脱落，而且可以再生。

- **口器**：咀嚼式口器。

- **发育方式**：渐变态。

- **分布**：全世界已知的种类有2 850余种，我国记录的有360余种。

- **常见种类**：伪䗛、叶䗛、杆䗛等。

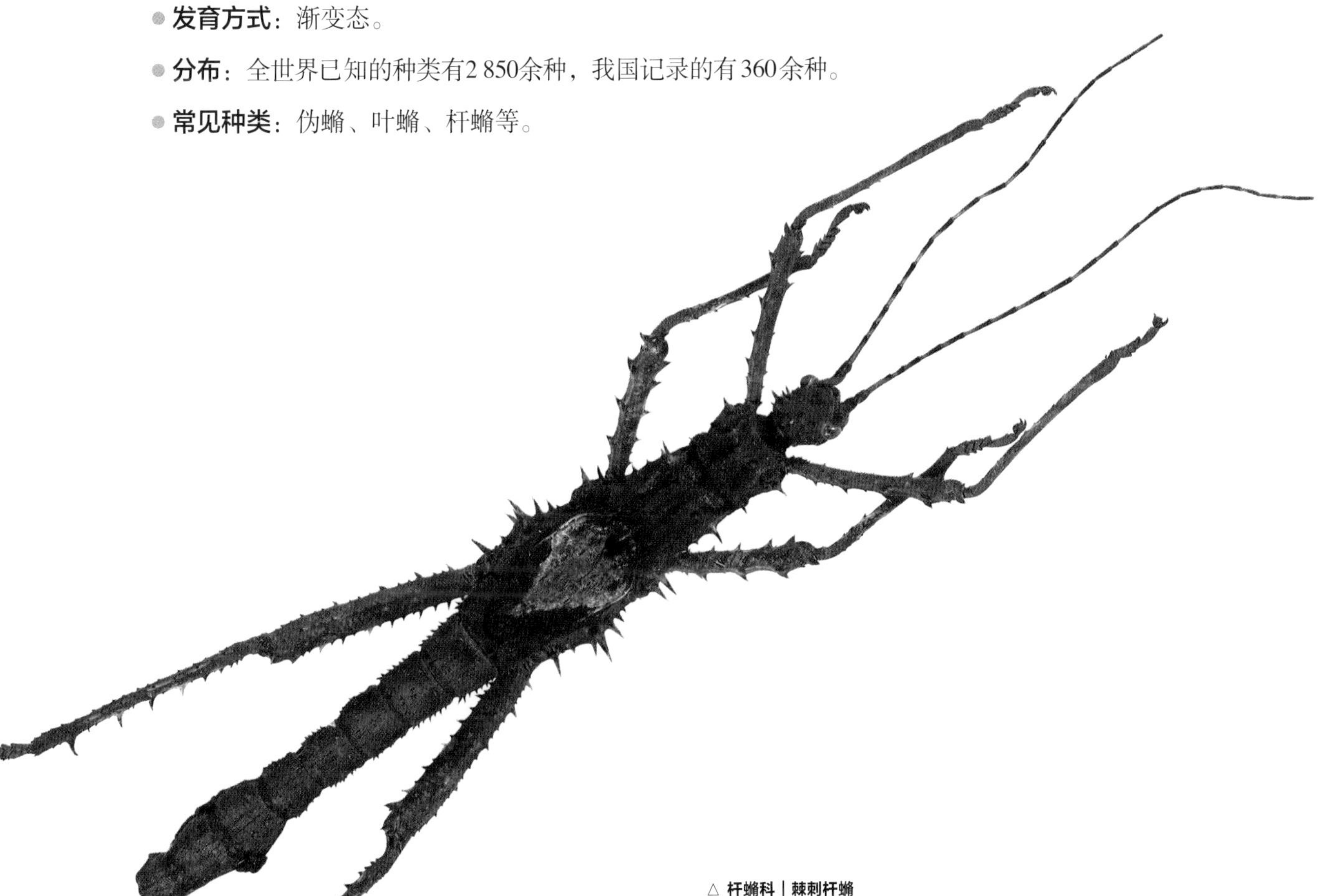

△ **杆䗛科｜棘刺杆䗛**
Haaniella echinata
雄 印度尼西亚

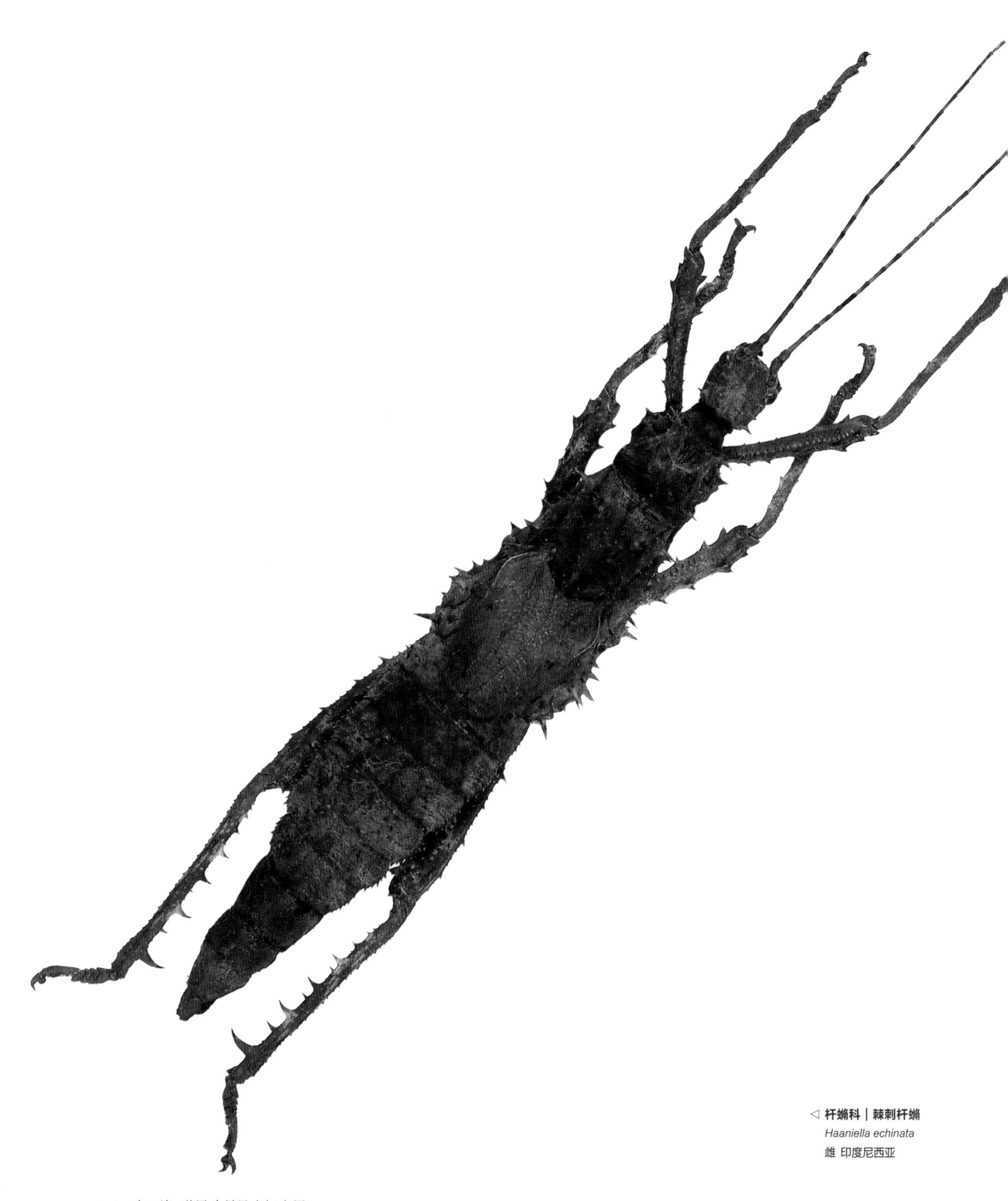

◁ **杆䗛科｜棘刺杆䗛**
Haaniella echinata
雌 印度尼西亚

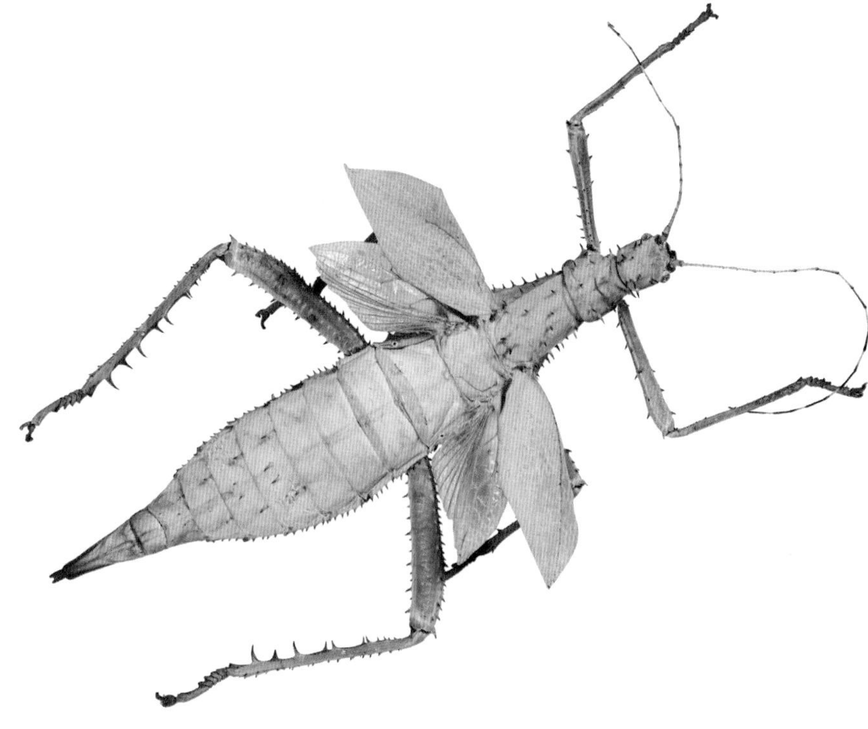

▷ **杆蝌科｜扁竹节虫**
Heteropteryx dilatata
雌 马来西亚

▷ **杆蝌科｜扁竹节虫**
Theopropus elegans
雌 马来西亚

▷ **叶䗛科｜巨叶䗛**

Phyllium giganteum

马来西亚

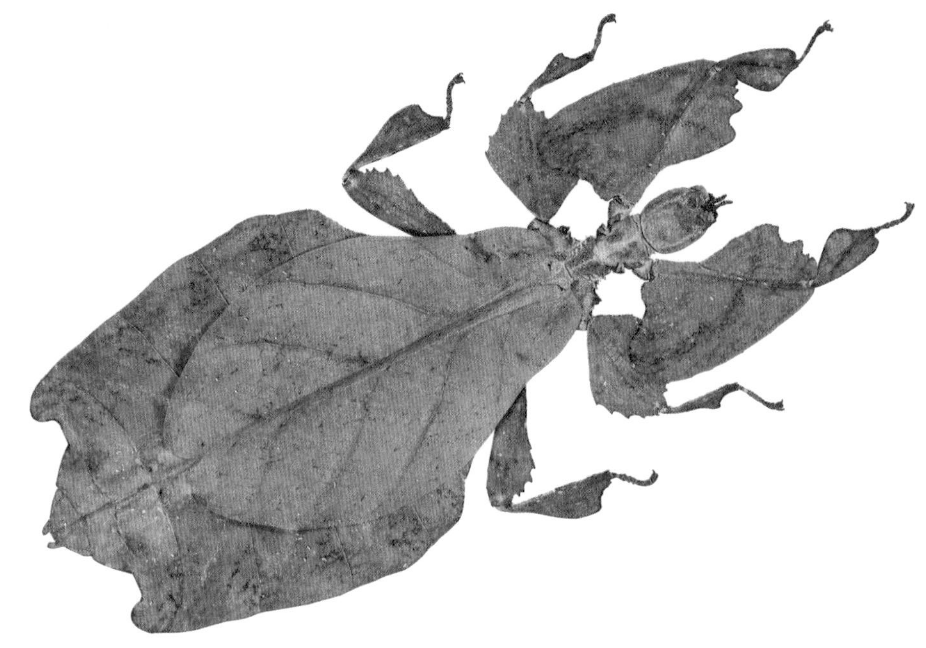

▷ **叶䗛科｜豪斯莱纳叶䗛**（绿色型）

Phyllium hausleithneri

马来西亚

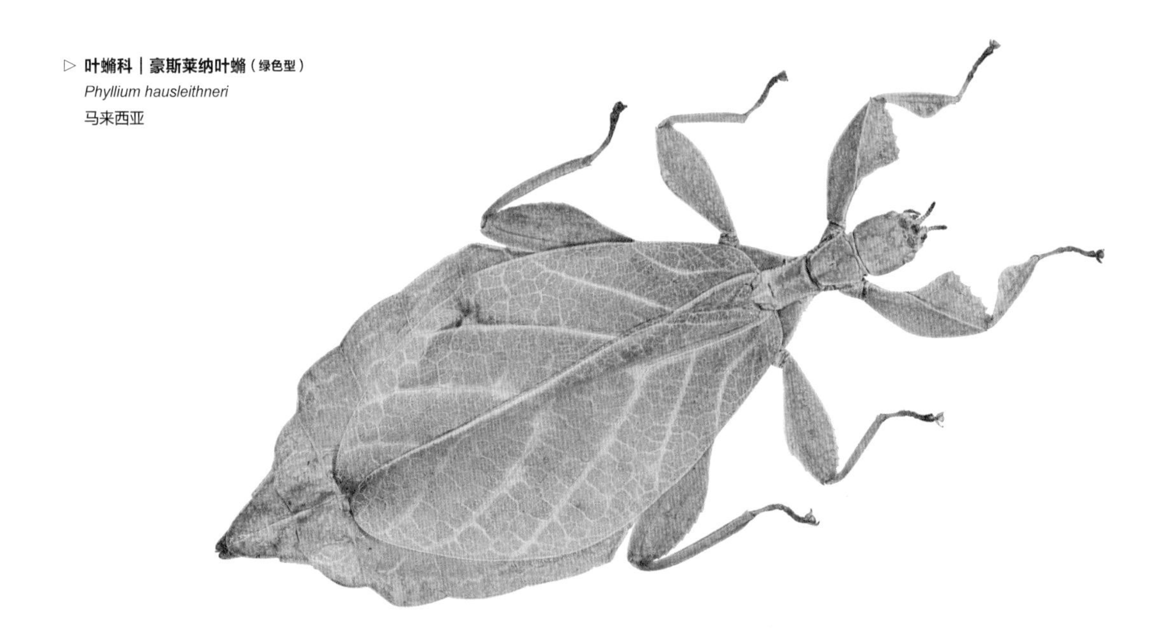

▷ **叶䗛科｜豪斯莱纳叶䗛（黄色型）**

Phyllium hausleithneri

马来西亚

▷ **叶䗛科｜东方叶䗛**

Phyllium siccifolium

雄 印度尼西亚

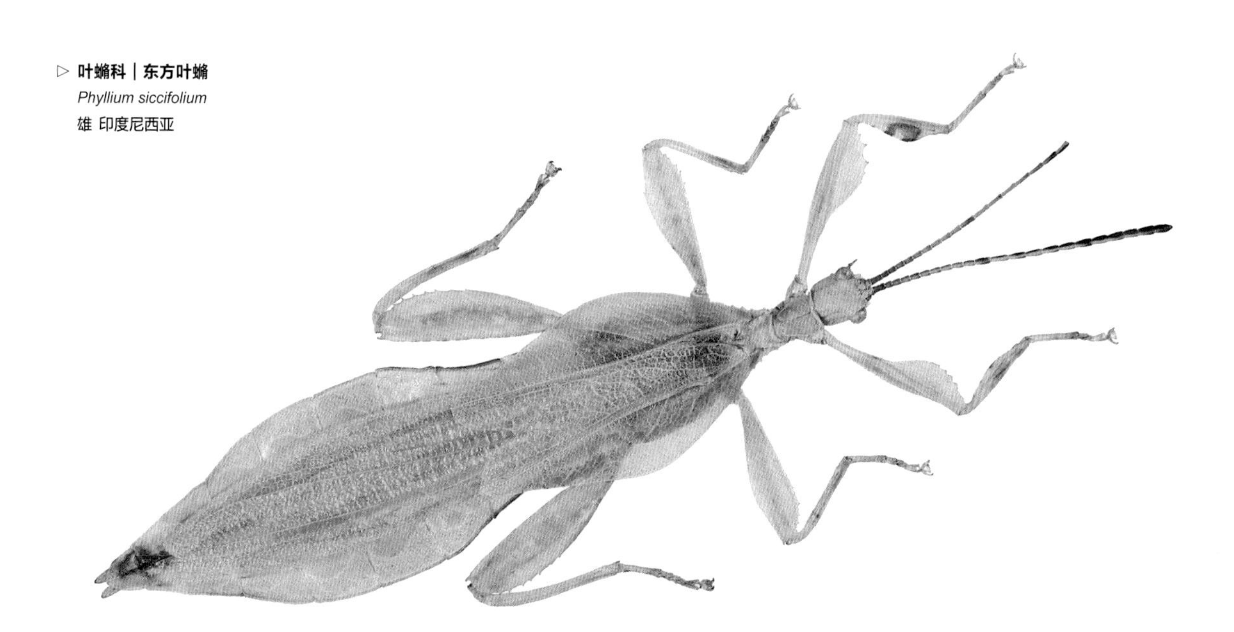

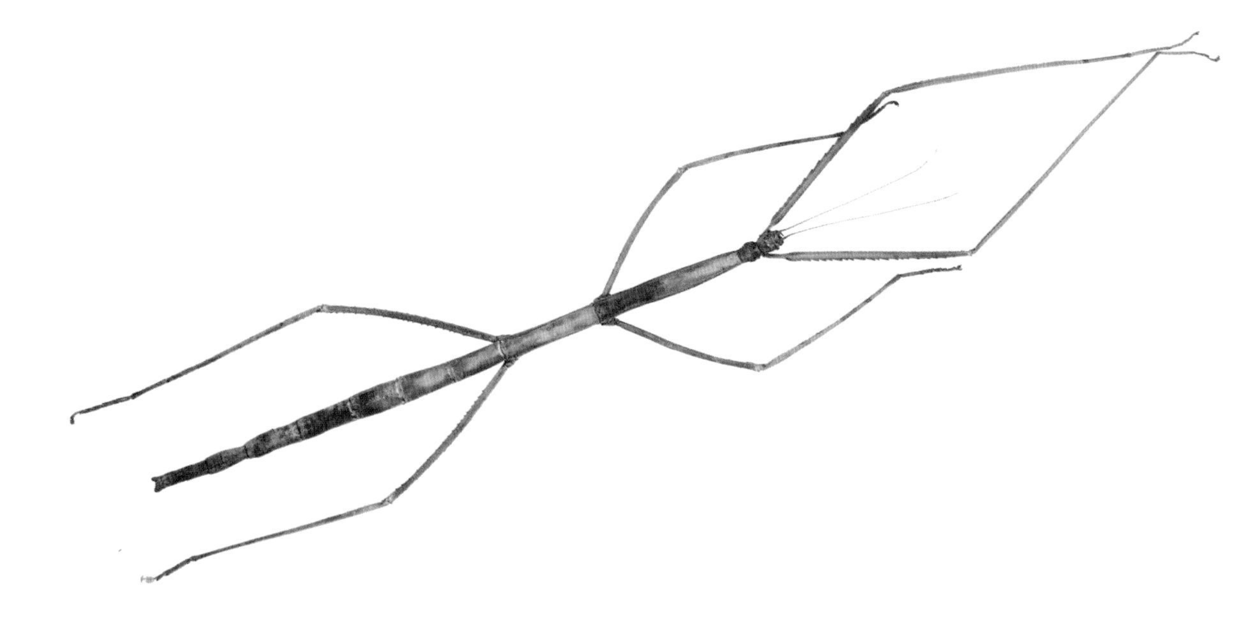

▷ **䗛科｜柯氏足刺䗛**

Phobaeticus kyrbyi

雌 印度尼西亚

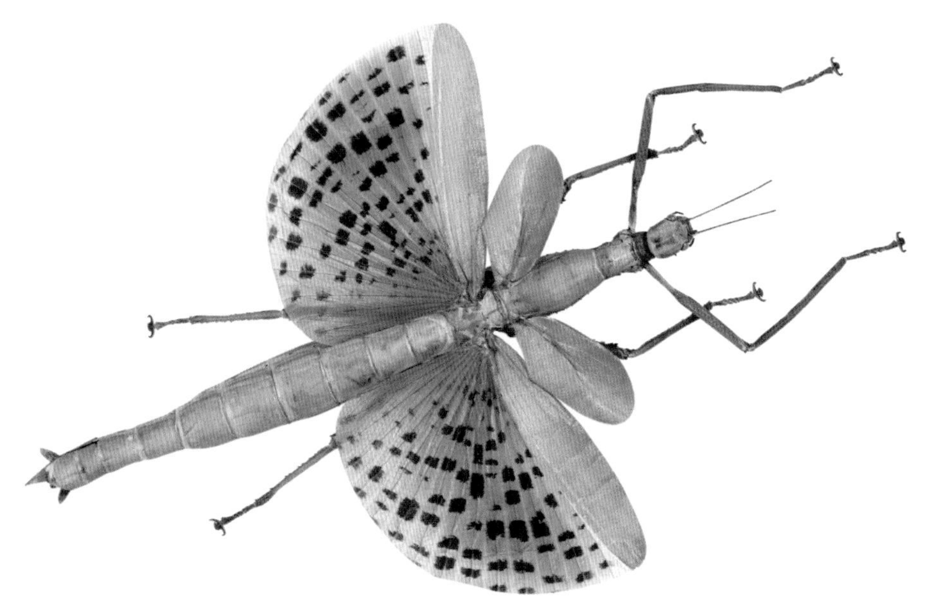

▷ **䗛科｜大斑䗛**

Paracyphocrania major

雌 印度尼西亚

▷ **拟䗛科 | 华丽拟䗛**
Orthomeria superba
雄 印度尼西亚

▷ **拟䗛科 | 华丽拟䗛**
Orthomeria superba
雌 印度尼西亚

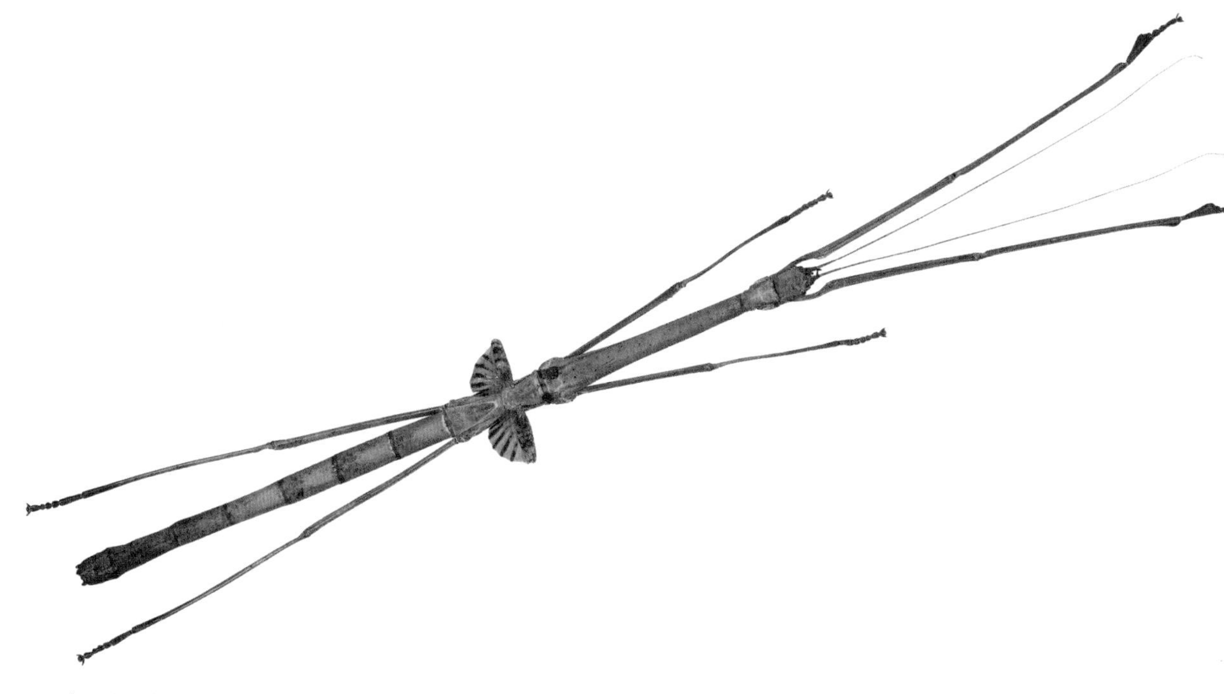

▷ **笛科｜橙纹短翅丽蛸**
Phaenopharos struthioneus
雌 马来西亚

▷ **笛科｜马来黄裙竹节虫**
Tagesoidea nigrofasciata
雌 印度尼西亚

5.13 直翅目

● **概况**：直翅目的昆虫多为中到大型昆虫，包括常见的蝗虫、螽斯、蝼蛄、蟋蟀等，大部分为植食性，其中不少是农林业的重要害虫，且大多数能发声，是有名的观赏性昆虫，也是文人墨客笔下的重要题材。

● **习性**：因为不少种类具有迁飞性，所以直翅目昆虫危害范围极广，是世界性害虫。世界范围内发生危害最严重的是沙漠蝗虫。

直翅目很多雄虫能够发音，如螽斯、蟋蟀。据研究，单蝗虫的摩擦发声就有8个类型。

● **口器**：咀嚼式口器。

● **发育方式**：不完全变态，经历卵、若虫、成虫3个阶段，每年可发生1～3代。

● **分布**：全世界已知的种类有2.3万余种，我国记录的有2 850余种。

● **常见种类**：蝗虫、螽斯、蟋蟀、蝼蛄等。

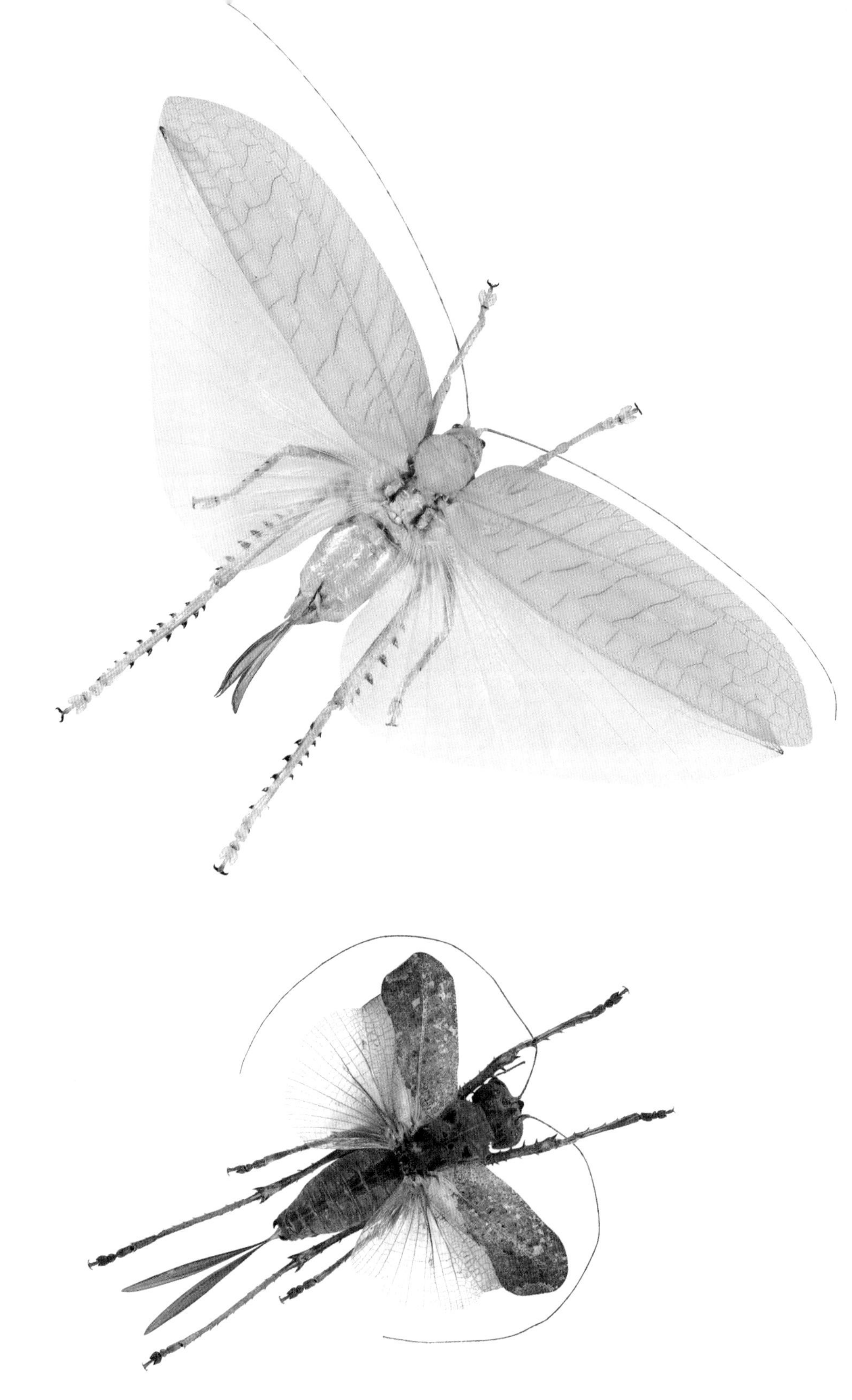

▷ **螽斯科 | 绿翠螽**

Chloracris prasina

雌 印度尼西亚

▷ **螽斯科 | 短翼天狗螽**

Lesina ensifera

雌 印度尼西亚

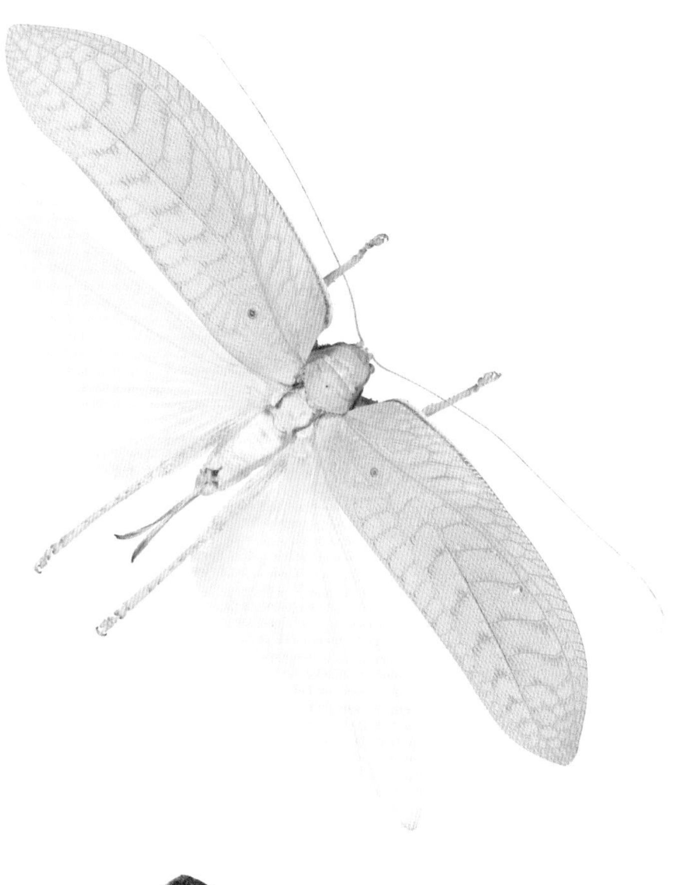

▷ **螽斯科｜赫拉克勒斯拟叶螽**

Pseudophyllus hercules

雌 泰国

▷ **螽斯科｜泰国巨珊螽**

Sanaea regalis

雌 泰国

▷ **花癞蝗科｜紫裳巨蝗**
Titanacris albipes
雌 秘鲁

▷ **花癞蝗科｜领袖花癞蝗**
Tropidacris dux
雄 秘鲁

▷ **蝗科 | 青脊隆脊蝗 爪哇亚种**
Valanga nigricornis javanica
雌 印度尼西亚

▷ **蝗科 | 棉蝗**
Chondracris rosea rosea
雌 印度尼西亚

▷ **蝗科｜黄股车蝗**
Gastrimargus parvulus africanus
雌 印度尼西亚

▷ **锥头蝗科｜点斑黄星蝗**
Aularches punctatus
雄 印度尼西亚

参考文献

李传隆，朱宝云．中国蝶类图谱 [M]. 上海：上海远东出版社，1992.

周尧．中国蝶类志 [M]. 郑州：河南科学技术出版社，1994.

周尧．中国蝴蝶分类与鉴定 [M]. 郑州：河南科学技术出版社，1998.

陈树椿．中国珍稀昆虫图鉴 [M]. 北京：中国林业出版社，1999.

周尧．中国蝴蝶原色图鉴 [M]. 郑州：河南科学技术出版社，1999.

孙桂华．世界蝴蝶博览 [M]. 天津：天津人民美术出版社，2001.

王敏，范骁凌．中国灰蝶志 [M]. 郑州：河南科学技术出版社，2002.

周尧．周尧昆虫图集 [M]. 郑州：河南科学技术出版社，2002.

周尧，袁锋，陈丽珍．世界名蝶鉴赏图谱 [M]. 郑州：河南科学技术出版社，2004.

赵梅君，李利珍．多彩的昆虫世界：中国 600 种昆虫生态图鉴 [M]. 上海：上海科学普及出版社，2005.

寿建新，周尧，李宇飞．世界蝴蝶分类名录 [M]. 西安：陕西科学技术出版社，2006.

麦加文．自然珍藏图鉴丛书：昆虫 [M]. 王琛柱，译．北京：中国友谊出版公司，2002.

黄灏，张巍巍．常见蝴蝶野外识别手册 [M]. 重庆：重庆大学出版社，2008.

虞国跃．中国蝴蝶观赏手册 [M]. 北京：化学工业出版社，2008.

尹文英，宋大祥，杨星科，等．六足动物（昆虫）系统发生的研究 [M]. 北京：科学出版社，2008.

陈树椿，何允恒．中国蝽目昆虫 [M]. 北京：中国林业出版社，2008.

许再福．普通昆虫学 [M]. 北京：科学出版社，2009.

王荫长，张巍巍．邮票图说昆虫世界 [M]. 北京：科学普及出版社，2009.

张巍巍，李元胜．中国昆虫生态大图鉴 [M]. 重庆：重庆大学出版社，2011.

雷朝亮．昆虫资源学 [M]. 武汉：湖北科学技术出版社，2011.

朱笑愚，吴超，袁勤．中国螳螂 [M]. 北京：西苑出版社，2012.

梁红斌．国家动物博物馆精品研究：昆虫 [M]. 南京：江苏凤凰科学技术出版社，2014.

常州博物馆 . 常州博物馆藏世界名蝶 [M]. 北京 : 科学出版社 , 2015.

李文柱 . 中国观赏甲虫图鉴 [M]. 北京 : 中国青年出版社 , 2017.

武春生 , 徐堉峰 . 中国蝴蝶图鉴 [M]. 福州 : 海峡书局 , 2017.

蔡邦华 . 昆虫分类学（修订版）[M]. 蔡晓明，黄复生，修订 . 北京 : 化学工业出版社 , 2015.

张浩淼 . 中国蜻蜓大图鉴 [M]. 重庆 : 重庆大学出版社 , 2019.

汪阗 . 虫行天下：繁盛的六足传说 [M]. 北京 : 清华大学出版社 , 2019.

列文 · 比斯 . 牛津大学终极昆虫图鉴 [M]. 王建赟 , 译 . 南京 : 江苏凤凰科学技术出版社 , 2019.

朱建青 , 谷宇 , 陈志兵 , 等 . 中国蝴蝶生活史图鉴 [M]. 重庆 : 重庆大学出版社 , 2018.

Yûki I, Kiyoyuki M. The *Carabus* of the World[M]. Tokyo: Mushi-Sha Press, 1996.

Akiyama K, Ohmomo S. The Buprestid Beetles of the World[M]. Tokyo: Mushi-Sha Press, 2000.

Koiwaya S. The Zephyrus Hairstreaks of the World[M]. Tokyo: Mushi-Sha Press, 2007.

Christopher M. Pheromone：The Insect Artwork of Christopher Marley[M]. San Francisco: Pomegranate Communications, 2008.

中国科学院动物研究所 . 物种多样性数据平台 [DB/OL]. [2023-7-25].http://www.especies.cn.

中国科学院动物研究所 . 国家动物标本资源库 [DB/OL]. [2023-7-25]. http://museum.ioz.ac.cn.

中国科学院动物研究所 . 中国动物主题数据库 [DB/OL].[2023-7-25]. http://www.zoology.csdb.cn.

结语

结语

本书为山东博物馆原创展览《虫·逢——世界珍稀昆虫标本展》的配套科普图录。

《虫·逢——世界珍稀昆虫标本展》于2021年年初在山东博物馆正式开展，自开展以来，取得了良好社会反响。为更好地为社会提供科普服务，该展览又于2021年10月开启了巡展之旅，每到一处，都会得到非常多的关注，尤其受到广大小朋友的热捧。巡展活动提高了当地观众观展的热情和积极性，吸引了越来越多的人走进博物馆。

山东博物馆作为中华人民共和国成立后建立的第一座省级综合性地志博物馆，自然标本收藏与展览一直是其工作的重要组成部分。在山东省文化和旅游厅的大力支持下，山东博物馆领导统筹部署，使得《虫·逢——世界珍稀昆虫标本展》的筹备工作得以顺利进行，展览如期举办。山东博物馆在创新陈列展览，释放展览活力，打造观众喜爱的精品展览方面，迈出坚实步伐，为推动博物馆事业高质量发展贡献一份力量。

展览由郑同修馆长总负责，杨波、杨爱国、王勇军副馆长具体执行；展览内容主要由焦猛承担；孙承凯、任昭杰、刘勇、刘立群、张月侠、钟蓓、李萌、石飞翔、刘明昊、贾强、赵奉熙等为大纲的完善，展品筹备及现场布展等工作，付出了辛勤的劳动；展览形式设计由张露胜负责。

本书主要由焦猛编写与整理；阮浩和周坤为本书拍摄了大量标本照片；山东博物馆杨波副馆长和杨爱国副馆长对本书提出了建设性意见。在展览筹备过程中，我们还得到了上海自然博物馆（上海科技馆分馆）、山东省农业科学院天敌与授粉昆虫研究中心、山东农业大学植物保护学院、山东师范大学生命科学学院和上海邱语生物科技有限公司的热情帮助；昆虫学博士张洁审定了全书文稿；在此一并表示诚挚的谢意。

限于编者学识水平，加之成书时间仓促，本书难免有不尽如人意之处，敬请读者批评指正。

编者

2023年7月15日

展厅场景图

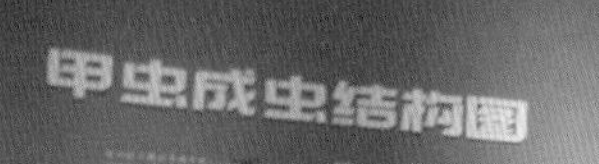
甲虫成虫结构图

昆虫之最
亚洲
非洲